U0193035

安宝江

张馥玫 著

中国印刷设计史

SPM 南方传媒 | 岭南美术出版社

中国·广州

图书在版编目（CIP）数据

中国印刷设计史/安宝江，张馥玫著．一广州：
岭南美术出版社，2024.1（2024.3重印）
ISBN 978-7-5362-7399-3

Ⅰ.①中… Ⅱ.①安…②张… Ⅲ.①印刷史—
研究—中国—古代 Ⅳ.①TS8-092

中国版本图书馆CIP数据核字（2021）第257410号

出 版 人：刘子如
策　　划：韩正凯
责任编辑：韩正凯　田　叶
责任技编：谢　芸
装帧设计：马鸿阁
封面设计：林坤阳

中国印刷设计史

ZHONGGUO YINSHUA SHEJISHI

出版、总发行：岭南美术出版社（网址：www.lnysw.net）
　　　　　　　（广州市天河区海安路19号14楼　邮编：510627）
经　　　销：全国新华书店
印　　　刷：珠海市豪迈实业有限公司
版　　　次：2024年1月第1版
印　　　次：2024年3月第2次印刷
开　　　本：889 mm×1194 mm　1/32
印　　　张：7
字　　　数：165千字
印　　　数：1001—2000册
ISBN 978-7-5362-7399-3

定　　　价：68.00元

作者简介

安宝江

　　山东日照人，北京印刷学院设计艺术学院副教授，本、硕、博毕业于清华大学美术学院艺术史论系，博士后出站。

　　主要研究方向为中国古代物质文化、书籍与插图艺术、设计艺术历史与理论。主持国家社科基金艺术学一般项目"晚明文人张岱的日常生活与晚明物质文化研究"，北京市社科基金一般项目"中国现代文艺类书籍插图艺术历程研究（1900#1949）"，已发表文章二十余篇，出版个人专著四部。

张馥玫

　　广东汕头人，毕业于中央美术学院设计学院设计史论专业，博士后出站。

　　现为北京印刷学院副教授，从事中国近现代设计史、设计文化与设计理论研究，主持国家社科基金艺术学青年项目"民国上海设计组织与机构研究"，北京社科基金艺术学青年项目"北京现代设计史研究"，已发表论文十余篇，出版个人专著两部，译著三部。

目录

第一章

导言

第一节　印刷与设计

印刷（Printing），根据国家标准 GB9851.1-1990 对印刷的定义"印刷是使用印版或其他方式将原稿上的图文信息转移到承印物上的工艺技术"，国家标准 GB/T9851.1-2008 将印刷定义为"使用模拟或数字的图像载体将呈色剂／色料（如油墨）转移到承印物上的复制过程"。传统的印刷分为印前、印刷、印后三个环节，需要用到印版，而随着现代数字技术的发展，已经不需要印版。

本书是对中国印刷发展历程中所出现的设计现象进行研究。按照印刷方式分类，印刷包含凸版印刷、凹版印刷、平版印刷和孔板印刷四大类；按照材质分类则包括木版、石版、玻璃版、金属（合金）版、塑料版等。木版是中国传统印刷的主要载体，占据了中国印刷史的大部分时间，进入近现代以后主要是在艺术性印刷范畴。石版、玻璃版、金属（合金）版等则是近代以来从西方传入的方式（金属活字印刷中国也有较长历史），虽然时间较短，但成为印刷的主流，在各个层面都有广泛运用。由此可见，中国传统印刷主要是以木版及印刷物为对象。

印刷与设计，二者是并立限定的关系。"印刷"是一种以复制为目的的文化行为，它通过无差别的复制，将印刷品最大限度地扩散，从而尽可能多地向受众传播。印刷的批量化、无差别、供人阅读的特点，意味着它的创造是在实现这三点的基础上进行的。在对印刷设计的对象进行界定时就要从"印刷"和"设计"这两个角度去选择。本研究需要从设计的角度进行选择，即印刷的某些特质具有艺术性特征，但这是服从于一定设计目的的，而不是艺术性创作。饾版、拱花采用印刷的方式对绘画艺术进行表现，它所模仿的是绘画，所追求的是艺术气质，但实现这一目的正是一种设计的结果。印刷艺术是用于表现艺术内涵的，而印刷设计是将设想再现于眼前的，只是因为技术的限制，这些印刷不得不依赖于当时的技术基础。如出相、绣像这些图文形式意味着人们认识到了图画在表现中的作用，但这是在写本时代时人们就知道的，明中后期开始，图画的幅面增大，表现风格增多，图文关系密切，这是印刷技术发展，人们对图文配合有了更深层次的认识后才会出现的，这时才可以说体现出印刷设计的发展。

　　印刷的目的是传播，是供人阅读的，所以，受众已有的接受习惯是印刷者必须考虑的。这就意味着印刷设计的变革需要与受众的接受能力、欣赏水平相一致，而不单单是业内人士的事情。因此，印刷很长时间内适应读者需求，采用写本时期所形成的已有形式，在印刷成熟之后才发展出与印刷自身特点密切配合的部分设计变革，但基本的文化样式比较难以变化。所以，在对印刷设计的研究对象选择时，就需要将印刷所需要的版式、字体等无论印刷与否都必然涉及的要素，以及在载体表面刻画的文字、形象等准印刷时期里产生的要素纳入考察之中。这样，就可以看到，印刷不是特立独行的类别，而是从属于文化表现整个发展脉络，由此，才可以说古人的成就为现代提供参考具备事实和逻辑的基础。

　　从印刷的角度看，中国古代因为印刷的产生而分成"写本时期"和"印本时期"两个时段。在书写的时期里，相应的文化行为习惯与书写相适应。甚至可以说印本时期的很长一段时间都是落后于写本时期文化形式发展的，印刷一直在努力实现写本在表现上的自如。适应于竹简、木片所形成的竖排书写方式，无论是在写本时期还是印本时期都一直延续着。从现存形象资料看，图文混排在印刷的早期就出现了，并表现出比较高的水平，一方面是由于更早的资料没有留存下来，另一方面也是由于有着时间较长、表现形式较为成熟的写本样式，印本只需以印刷技术将这些样式复制出来即可。而"出相""全像""绣像"等图文混编方式其实也只是对写本的表现，而且由于雕版技术的不足、从业人员绘画表现水平有限的原因，在形象塑造、用笔技法等方面均较绘画艺术有着较大的差距。线描、平涂的表现形式诚然具有特别的艺术效果，但从套印、"饾版"的出现可以看出，追摹以至再现绘画是印刷技术发展的方向，一直到"拱花"的出现才

发展出绘画所不具备的印刷特色。

第二节 传统印刷的流程与技术

中国传统雕版印刷从选材到刻版，以及核对、校印，有一整套技术为依托，由此形成一系列的技术标准和相应的文化概念。这种中国传统技艺与近现代自欧洲传入的印刷和现代印刷都有较大的差异，在此，对明代雕版印刷的技术状况和相应名词、概念予以介绍。了解传统印刷的基本流程和各个环节中的印刷技术，对于理解印刷和印刷设计很关键，技术是设计与艺术的基础性支撑。

标准的雕版印刷流程包括备料、雕版、刷印三个环节。备料环节包括准备板、纸和墨三部分，雕版包括写样、校正、上版和雕刻四个部分。

一、备料

板，即准备雕版所用的木板。雕版所用的理想板材应该在耐印率、吸墨性上有较为合适的品质，表现在木材条件上就是硬度适中、纹理细密、易于雕刻、干湿变化不大、取材便利。常用木材包括梨木、枣木、梓木，另有皂荚木、黄杨木、银杏木、苹果木、杏木、白杨木、乌柏木等。

确定木材后，需要选择截面符合要求的树干截取成厚约两厘米的木板。中国采用与树木生长方向平行的方向截取木板，西方则以与生长方向垂直的方向截取，也被称作"木口"。

锯好的木板需要经历浸泡沤制的过程。木板上面加重物，保证全部浸泡于水中，期间需更换几次水，整个沤制时间达一至数月才能将木板里的树脂充分分解。浸泡时间夏季短、冬季长，沤制好的木板干燥后不容易翘裂，利于刊刻，也易于吸墨释墨。

沤制完成后需要将木材平行码放于背阴通风处自然干燥。为保证木板不变形，需要在堆放的木板之间用粗细等同的木条或竹片垫平，期间还要时常正反左右变动。也有不沤制而是将木板高温煮三四小时后再阴干的做法。

干燥完成后的木板要进一步修整，对上下两面找平抛光，做成比最终书页尺寸略大的板面，再用植物油涂遍表面，最后再仔细打磨光滑。

纸。中国传统手工纸大致可分为麻纸、皮纸、藤纸、竹纸、宣纸等五大类。

麻纸是以麻类植物韧皮纤维为原料所造的纸。起源最早应用最广泛的是苎麻，其次是大麻和亚麻。麻纸是大部分以黄麻、布头、破履为主原料生产的，特点是纤维长、纸浆粗（纸表有小疙瘩）、纸质坚韧，虽历经千余年亦不易变脆、变色。根据纸质地的粗细厚薄又有"白麻纸""黄麻纸"的区别。隋唐五代时的图书多用麻纸，宋元时已不占主要地位，明清时麻纸使用更少。

皮纸，即以树木韧皮纤维为原料的纸，包括楮皮纸、桑皮纸、雁皮纸、山棉皮纸、柳构皮纸等。

藤皮纸以藤类植物的韧皮为原料，主要有葛藤、紫藤、黄藤等，亦称"剡藤""剡纸""溪藤"。唐宋时在剡溪一带曾极度辉煌，后因对当地的藤类植物过度砍伐而消失。

竹纸的原料为毛竹，此外还有苦竹、绿竹、慈竹、黄竹等，四川夹江县和浙江富阳市为竹纸的重要产地。竹纸种类繁多，常见的有毛边纸、毛太纸、元书纸、玉扣纸以及连史纸等。

宣纸原产于安徽泾县（以府治宣城为名，故称"宣纸"），泾县附近的宣城、太平（今黄山市黄山区）等地也生产这种纸，是中国古代用于书写和绘画的纸。宣纸该属于皮纸，早期宣纸由纯青檀皮抄造，是名副其实的皮纸，后来加入了稻草，纸张特性与皮纸产生了较大的差距，所以把它作为一个特殊的种类。宣纸起于唐代，宋代时，徽州、池州、宣城等地的造纸业逐渐转移集中于泾县。由于宣纸有易于保存、经久不脆、不会褪色等特点，故有"纸寿千年"之誉。

墨。中国古代书写用墨与印刷用墨制法相同，为水墨，包含颜色料、连接料和添加料三类，主要为黑色，另有其他颜色。

魏晋以前，墨的用料为天然石墨和松烟两种，以后逐渐淘汰石墨，沿用松烟和油烟。汉代时，已经普遍用松烟制墨，南北朝时出现了用漆渣制墨，唐代开始采用比重轻、分散度大的油烟，添加料的细度十分考究。宋沈括曾用石油燃烧出的烟制墨。连接料基本由皮胶和水构成，也有用淀粉和水的，为数不多，质量也不行。古代墨中，炭黑的含量为 65% 左右，添加料为辅助料，用料要考究。常在黑墨中加少量紫草或朱砂，使墨泛红色，这是古人的偏好。珍珠、玉石、金箔等除提升价格外，也能增加墨的光泽。由于连接料为皮胶，制作过程中有臭味，所以常用增香剂麝香、冰片及沉香等掩盖，宋代特别盛行，明代以后逐渐减少了。

二、雕版

雕版是将书写完成的纸的有字面贴在处理好的版面上，呈现出反字，将除文字部分刻除，形成凸版，就完成了这步工序。

写样，即将原稿由擅长书法的人誊抄在非常薄的白纸上。白纸上有红色的竖格线，被称作"花格"。每一列格子由等距的三条线组成，一般以中间线为标准书写，遇有注释时则以中间线为界，另两条线为中准，双行写出。

校正，是"一校"时校出错误，抠去后将正确书写的补上，"二校"后定稿。

上版，反贴纸面的方式又分为两种：一是贴样法，在版面上薄涂糨糊，然后将纸面敷贴在上面，再用刷子拂拭纸背，使字迹透过纸背显现出来，干燥后擦拭纸背底层，从而更清晰地露出笔迹；二是在写样时用浓墨书写，反贴于湿透的版面上，待版面吸入墨迹后将纸揭去，因为墨为水溶性，这种方法做出来的字迹并不如贴样法清晰。雕刻，将除墨迹部分外都刻除，形成一毫米凸起的阳文。雕版工具包括刀、錾、凿、铲，形制不一，适用的功能也不一。

发刀：雕刻前在自己周围刻一刀切断木面纹理，以放松木面，故名。

挑刀：凿刻笔画的用刀方式。在贴近墨迹的边缘刻，形成字旁边的内外两条线。直线容易刻，所以先刻，然后自左至右依次将撇、捺、勾、点等雕刻出来，然后将周围的刻线与实刻刀痕之间的空白木面用大小剔刀剔清。

打空：将笔画刻完后所剩余的行格间的空白板面用圆口凿铲去，形成凹槽，然后用平口凿及小刀进行修整。

拉线：将板面四周的边框及每行的行格用刻字刀削齐。

修整与水洗：将板面四周修整齐，去掉各种毛刺，方便印书时使用，将板面上的各种碎屑用水清理干净。

三、刷印

将雕版用黏版膏固定在桌面上，然后用圆刷蘸适量的墨汁均匀涂抹在版面上，随机将纸平铺在版面上，再用长刷轻抚纸背使纸面与版面墨迹充分结合，然后揭下即可。

正式印刷前常先用红墨或蓝墨印出初样，用作末校。如有错误或板材损坏，可及时修补。修补时是将出错的部位挖去，将重新刻好的嵌入相应槽空内。

活字印刷，是将每一个字单独雕刻出来，根据内容选取字样进行组合后印制的印刷方式，活字有泥、木、锡、铜、铅等材料，统称活字印刷。

四、传统书籍名词概念

传统印刷均为单面印刷，这一方面是传统的延续，从竹木简、帛书、纸卷以来均为单面书写，从技术上看，传统雕版印刷技术尚不能大规模有效实现双面印刷。虽然是单面印刷，但不能单面式装订，所以采用印刷后对折的方式。传统的版式设计就与这种印刷方式紧密相关，并由此形成了相应部分的词汇概念。（图 1.1）在一页纸上，用于印版印刷的部位称为"版面"，剩余未被印刷的纸面，上面称作"天头"，下面称作"地脚"，左右称作"边"。版面四周以线围成四边以区分，这四条线分别叫作上、下、左、右栏。上、下栏为一条线，左、右栏有一条线和两条线两种，分别叫作单双栏或单双边。有上、下、左、右均为双线的，但没有上、下为双线而左、右为单线的。纸面印刷后需要对折，所以折叠之前的纸面版面中间一栏为"版心"或"中缝"，不刻正文。

由于版面小于纸面，裁切纸面是在整体装订之后，而且印刷版面不一定与纸面齐平，所以，为便于对折时对齐两个半版面，版心在刻版

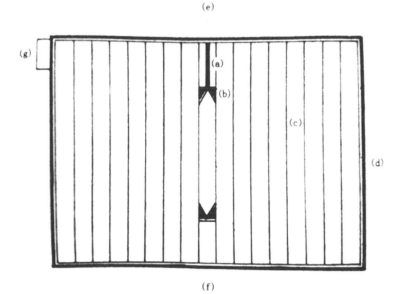

图 1.1　雕版典型书页样式
a.象鼻；b.鱼尾；c.界行线；d.栏线；e.天头；f.地脚；g.耳子

时就对此予以设计。版心被鱼尾样式的纹饰分成上、中、下三个部分，鱼尾的三角与中心的作用都是便于对折时齐平。一条线时称作"单鱼尾"，两条线时为"双鱼尾"，在上者为"上鱼尾"，在下者为"下鱼尾"。上鱼尾均为正三角，少数下鱼尾倒三角，少数下鱼尾也为正三角，也有不用鱼尾，只用横线的。鱼尾单线的称为白鱼尾，双线或带花纹的为花鱼尾，黑线面的为黑鱼尾。书籍装订时，一侧用于装订，一侧用于翻页，翻页的一边被称作"书口"。采用"包背装"和"线装"装订时，版面向外对折，有时在版心上下添加两段黑线，为示意对折线，称为中线。在上面的为"上黑口"，在下的为"下黑口"；线粗的为"大黑口"，线细的为"小黑口"或"细黑口"，不加线的为"白口"。鱼尾和黑口连在一起像是大象的长鼻子，所以黑线又被称作"象鼻"。

对于页面主体部分，由于受简策影响，采用上下书写，自左向右的顺序，雕版印刷后依然延续这一传统。版面雕刻时预留的界行使版面与简策更为相像，也便于阅读，防止串行，这在没有句读的版面更具有作用。在指示文中内容时以"× 行 × 字"，在文中以小字注解时，以大小字区分。这样的设置对于阅读没有必要，对于雕印出版是有积极意义的。统一每行的字数后，也就非常便于统计每页的字数。

版心：一版书页的中心框格，通常印书名、卷次、页码，有的加印该版的文字总数、刊刻机构名和刻工姓名。

鱼尾、象鼻：在书页对折时，为保证左右对称，以尖角和版心中央的黑线作为中心依据。角空白，构成角的两个相对的三角形形似鱼尾，所以被称作"鱼尾"，相对三角形为黑色的叫作黑鱼尾，空白的叫作白鱼尾；上、下各有一个鱼尾的被称作"双鱼尾"，只有一个的称作"单鱼尾"；不是三角形的被称作"花鱼尾"，三角形的边为两条线的被称作"双线鱼尾"。版心黑线有粗有细，被称作"象鼻"。

行款：行款就是行数与字数，一般官刻和家刻为追求品质，字大行疏，坊刻的戏曲小说、各种日用书为减少成本，字小行密，严密紧凑。

界行线：书页中区分每一行的格线。版框：书页正文四周的框线。

栏线：版框线，单栏为一条粗线或细线，双栏为一粗一细两条线，也被称作"文武线"，也有双细线，或形似竹节的"竹节栏"，花纹构成的"花栏"，"卍"字构成的卍字栏，器物纹样构成的博古栏等。

天头：图文或版框上方的空白。

地脚：图文或版框下方的空白。

耳子：在左栏上角的小长方格子，一般刻本书的小题。

印刷：可分为单版复色、套色印刷和套版印刷。单版复色是指在一块版面的不同位置刷印不同颜色，然后敷纸，一次印出。套色印刷是指两色及以上颜色的图文刷印，包括单版复色、套版、饾版、拱花等方法。套版印刷也称分版复色印刷，不同颜色部位以不同的版刻出，依次印到一张纸上，初期为红黑两色，后来逐渐发展出多色。套版印刷每次印一个部位，印一种颜色，相对于单版便于操作，不易出错，但在对版时需要注意版面相合，因此发展出提高对版准确度的标记，如边线或十字线等。单版只要固定版面即可，套色版要先固定一沓纸，然后固定版，换版后要对正版，调试完成后再继续刷印。

饾版：套版是相同版面大小，在不同部位雕刻，饾版是依据不同部位的大小雕刻相应版面的分版复色叠印。这种印刷方式能够将浓淡过渡的颜色表现出来，形成与原作相近的色彩效果。为实现饾版的印刷效果，印刷所用材料也要精致。饾版板材需要根据画面不同而选择，如表现精细画面要用木质坚硬纹理细密的黄杨木，其他操作与一般雕版相同。纸张要用洁白光滑、吸水性强的宣纸。彩色颜料与国画颜料相同。刷印时要用含适量水分的生宣，以克服湿版干纸的不足。喷水量根据画面表现时的笔墨程度而定，喷水后要用油布蒙盖浸闷，使水分均匀渗透。为版着色时要依据原作的色彩浓淡、深浅，用毛笔着色。刷印时，需要根据色彩效果在铺好的纸背用毛刷根据色彩和笔法的轻重缓急不同来拂拭。在印制中，有时需要在前一步的颜色干后再印，有时则需趁色料湿润加印。

拱版：也称"拱花"，有两种印制方法，平压法，是用一块板雕刻凹版花纹，然后将纸铺在上面施加压力，形成凸出花纹；双夹法，是用两块板分别雕刻阴阳花纹，将纸夹在两块板中间，用力压出。

封面：书籍的最外一面，题写书名、出版者等信息，封面的文字一般都要简明扼要。

扉页：扉页一般称作内封面。线装书的封面变化较少，扉页反而设计得很丰富。在这里，一般为一行或两行大字的书名，并在适当位置配有插图，从而实现装饰、烘托和广告的多重作用。

牌记：也被称作"牌子""木记""墨围""碑牌"等，经常包含书坊名称、刊刻时间、版权声明、内容简介。牌记的位置不固定，有的在序后，有的在目录后，有的在各卷末尾，形状多样，包含的内容有书坊字号标志，并可能携带刻书内容及相关情况，有方形、碑形、钟形、鼎形、香炉形、莲花形、琴形、爵形等式样。总之，是以一种框形图案对一部分内容进行区分。

二节版、三节版：版面的处理方式，是指将一个版面分成二或三部分，分别雕刻不同内容。如崇祯雄飞馆的《精镌合刻三国水浒全传》，封面题写《英雄谱》，上半部分是一百回《水浒》，下半部分是《三国》。万历建安书林叶志远版《新刻京板青阳时调词林一枝》，三节版，上下层为剧目选段，中间是流行的楚歌、罗江怨等。万历二十二年双峰堂的《水浒志传评林》为三节版，上部为评点，中间是插图，下部是小说正文。这种版面设计方式，可以说是出于充分利用版面的俭省心理，也是出版处于相对初级阶段的做法。但是也可以从中看出古人在版式处理上的开阔思想，比如三节版这种将文、评、图三者结合在一起的做法与古人在阅读中评点的文化习惯完全一致。这种做法便于阅读，也便于有效传递信息。

中国古代书籍装帧有以下几大类：简册（策）装、卷轴装、龙鳞装、经折装、旋风装、蝴蝶装、包背装和线装。

简册装（图 1.2）采用连缀的形式以卷的方式收纳。这种方式影响了帛书的形式，卷起来的帛书被称作"卷轴"或"卷子"。龙鳞装是在一张卷底上粘贴多张，相对于单张的卷轴涵盖内容增多，但这种方式既有卷轴的长页面不便于阅读的问题，又有多张纸带来的翻检时的麻烦。经折装就是在此基础上所出现的新样式，化圆为方，改卷舒为翻页，便于大篇幅阅读时翻阅。结合南宋侯延庆《退斋笔录》中描述宋哲宗阅读苏轼奏折时"旋风册子""手自录次"的描述，黄永年认为经折装就是旋风装，而不是龙鳞装。

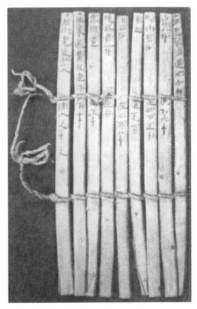

图 1.2　简册装

旋风装来自卷轴，只是从卷变为折，所以在印刷方式上相同。在长木条上雕刻后，在雕版上刷印。将刷印好的纸卷起来是卷轴，折叠起来就是旋风装。因为是长条雕版，所以此时的雕版只在文字部分的上下各刻一条线作为区分，与后来的单独成页，四周都有框格不同，这是由装订方式决定的雕印方式，由雕印方式所决定的版式特征。

旋风装约出现于唐后期，而蝴蝶装在五代、后晋时期所刻的《十二经》便已被采用，北宋、南宋时期的书籍也主要采用这种形式。从蝴蝶装的形式可以看出，只要将旋风装的折页加以拆分就是蝴蝶装，甚至在早期可能就是从旋风装折页处断裂后的样子得到启发。蝴蝶装两页相连的方式正体现出从折页向单页转变的过渡样式。采用蝴蝶装后，不必像旋风装那样印刷后多次折叠，也就不必用太长的板材，所以雕版版材也从长条木板变成长方形木板。但这一改变所由此带来的蝴蝶装板材变短方便了取材，也方便了雕刻和印刷，进而带来的是雕刻幅面的增加，多种版式由此具备了产生的基础。蝴蝶装的名称见于明以来的文献中。蝴蝶装将多页纸对折后沿折缝粘在一张纸上，然后再在外面粘上一层硬纸，做成一册书。书衣正面左上角，标明书名、卷次等信息的长方块叫"书签"。蝴蝶装装订完成后的样式类似于现代的精装书，但存放时是书口朝下，书脊向上。为取阅方便，书脊文字的书写方向与书页平行。

蝴蝶装的一页书在印完后采用正面对折的方式，包背装是反面对折，出现于南宋后期。这样的改进在翻书时不致翻出空白纸页，但如果用蝴蝶装的存放方式版心容易受损，所以包背装的书是平放的，书脊文字的书写方向与书页垂直，书衣也从蝴蝶装的硬纸改为软纸。包背装在粘连成册时比较麻烦，所以又在书脊打孔穿线的方式，这为线装的出现提供了思路。打孔的一边被称作"书脑"。

线装出现于明中期，其出现比较直接的改进是打孔穿线的蝴蝶装只有两三个穿线孔，不能保持书的齐平，且边角容易皱卷，而线装避免了这些问题的出现。线装一般打四个孔，叫作"四针眼装"，厚一些的书在上下多打一个孔，为"六针眼装"，没有其他打孔数量的做法。打孔位置为上下两空距书边最短，中间两空所形成的三段在明和清前期大致平均，又是中间一段略短，清中期更短，清末民国时约只有上下两段的一半。装订所用线为白色或米黄色，其他颜色一般不用，线要双线平行，而不能单线或线绞在一起，线头不能漏在书外。用绫将书脊上下两角包裹被称作"包角"，因为包角所用的浆糊容易虫吃鼠咬，所以不为藏书家所喜。书衣用色在明代为蓝、棕二色，清代棕色稍多，个别用金色，清末民国又用蓝色。书衣多数用纸裱糊两三层，也有的用绫或绢裱制。前后书衣和正文之间有一到三张空白页，被称作"护页"或"副页"。

明清时给线装书做"书套"或"书函"。硬纸做成三窄两宽互相连缀的长方条，外面裱糊蓝布，里面裱糊白纸。将书放上后，外套依书折叠成长方体，上下外露，窄条相接处有签插封。除布外，还可以用其他丝织物，将书的首尾两端都包裹起来，称作"四合套"。

与包角相同，因为用糨糊裱糊，所以同样容易虫吃鼠咬，故又有"夹板"的做法。这时用和书册同样大小的两块木板上下相夹，在上下两头用布带扎紧。这些是日常使用的做法，讲究的还可以做成木匣、木箱，外面刻书名、版次、册数等信息。自雕版印刷形成后，随着雕版技术的成熟，中国古代雕版印刷业发展出丰富的雕版印刷设计样式。不同时代对于版式所涉及的各个部位有着不同的称呼，现在一般以清以来惯用的术语为准。

蝴蝶装的版心在书的中心，外部有未被雕版印刷的部分，对于这一部分，有的蝴蝶装书版框外上部刻一个方格，标注篇章名目，被称作"书耳"。由于古代书籍是自左向右翻页，所以书耳被设置于书的左栏一边。包背装和线装的版心在外边，要设置"书耳"就要加大雕版截面，纸面裁切也更麻烦，"书耳"这种设计也就不多见了。所以，"书耳"的出现与消失是与雕版的特点、装订方式直接相关联的。

第二章

中国印刷设计溯源

第一节　隋唐以前的印刷设计概况

中国悠久而丰富的历史文化与物质文明为印刷术的发明提供了充分的准备基础。远古时代的文化起源中产生了最早的图画、纹样与符号，旧石器时代的岩画以及新石器时代陶器上刻画与涂写的图形符号，携带着中华文明古老而稳定的文化基因，展现了远古先民们最早的审美意识。从先民们对涂绘岩画的工具与刻画陶器表面图案的介质的选择中，便已经蕴含着古老的印刷设计思维。

夏、商、周时期是中华文明萌芽发展的早期阶段。中国最早的文字出现于甲骨、青铜器壁与玉石上，生动地显示了中国古老的文字雕刻技艺，从中可见中国文字最早的形式特征与排列规律。

春秋战国时期，礼制的下移促进了出版活动的发展，竹木简牍和缣帛成为书写与绘画的主要介质，春秋时期以孔子的编辑活动最为著名，战国时期的诸子百家著书立说，简牍制度成为中国最早的书籍制度。

秦汉时期，印刷介质有了长足的发展。秦代是中国历史上第一个实现大一统的王朝，主张文字的统一，便利了各地的文化传播与信息交流。西汉与东汉时期，竹木与缣帛仍是主要的出版物载体，西汉时期的劳动人民发明了植物纤维纸，东汉的蔡伦改造了造纸技术，使纸张逐步推广与普及，到了东晋时期，纸已经成为最广泛使用的书写载体。造纸术的发明与应用，对中国的印刷与出版产生了极大的推动作用。

魏晋南北朝时期，在王朝频繁更迭、政治混乱和精神文化相对自由的社会背景之下，汉字的形态与书体进入相对成熟的阶段，书法艺术达到了历史上的高峰。纸张的制备与广泛应用使纸写本进一步得到普及。人们在石板与崖壁上勒刻文字，拓印技术的发展使文字与图画信息的复制有了进一步的发展。

隋唐以前的文字与图画在不同介质上的书写、雕刻、编版与传播，为印刷术的出现与发展奠定了文化、技术、材料等基础，是印刷设计的萌芽期，为其提供了悠久的历史传统、文化积淀与技术基础。在大规模信息传播的社会需求驱使下，从手抄本转向印刷是后续历史发展中的重要的技术飞跃。在中国文化发展的漫长过程中，从文化、技艺、工具和材料四方面为雕版印刷工艺的发明做了充分准备。

第一，在文化方面，文字的出现与书写媒介的渐次发展，进一步满足了社会文化环境中对思想和知识的传播需要。第二，在技艺方面，逐渐积累起文字与图像的雕刻技艺和转印技艺。第三，在工具方面，雕刻和书写的工具也在不断改进。第四，在材料方面，墨和纸张在研制成功后经历了逐步改善的过程。

第二节　原始的印刷信息：汉字的出现与时代风格

一、原始图画的出现

中国是世界上最早发明印刷术的国家，在印刷术发明以前，中华大地上的历代先民长期探索着对信息进行保存、展示、复制与传播的方法和途径。在漫长的探索过程中，图像先于文字而出现，绘画与书写在历史长河中渐渐分化。最早的文字也从符号的形式开始发展形成文字的抽象性与概括性，图像的造型与创作思维影响了中国文字的形成与发展。

距今 200 多万年前至 1 万年前，中华大地上的人类处于旧石器时期，分布于福建、广东、台湾、香港等地的古老岩画展现了先民们对于图像的保存与记录。旧石器时代晚期，宁夏贺兰山岩画是中国成熟岩画的代表，通过牛、马、羊、狼等多种动物形象和人面像等生动的造型图像，表现了原始社会中的狩猎、巫觋和战争等多种社会场景。距今 1 万年左右，中国部分地区进入新石器时代。在新石器时代晚期，北方的仰韶文化（图 2.1）、大汶口文化、龙山文化，南方的河姆渡文化与良渚文化的彩陶上均出现了涂写或刻画的图案。距今 5000 多年的马家窑舞蹈纹盆（图 2.2）上，描绘一群人手拉手跳舞的场面，表现生动而富有韵律感，反映了远古先民的生活场景，储存了宝贵的文化信息。

从新石器时代彩陶上的装饰纹样来看，当时中国各地的先民已经注意到图像的审美问题，并初步探索装饰的规律。新石器时代晚期，在西安半坡遗址的仰韶文化陶器上（图 2.3），早期的文字与图形符号大都以雕刻的形式出现。在其他这一时期的文化遗址出土的器物上，大多已经出现以尖状物在陶器上刻画形成的符号与象形文字。这些原始陶器上的图画向两方面发展，一方面是通过图案与形象的逐步发展和涂绘技艺的精进，形成了中国后续历史时期中的图画艺术；另一方面则形成了象形文字的雏形，并提供了最早的保存印刷信息的方式与途径。

图 2.1 仰韶文化彩陶刻符号宽带纹钵

图 2.2 马家窑舞蹈纹盆

图 2.3 西安半坡遗址出土陶器上的刻、划符号

二、甲骨文：中国最早的汉字系统

自仰韶文化时期以来，中国各地在陶器上出现了简单的图形符号，经历了两三千年的发展后，逐渐形成汉字发展的脉络。公元前约1300 年在中国黄河流域出现了甲骨文，中国的文字从甲骨文发展而

来，逐渐形成比较成熟的文字体系。甲骨文（图 2.4）是商代后期河南安阳出土的，也称为殷墟甲骨，这些契刻在龟甲、兽骨上的文字，记录了殷王朝的占卜内容，现今发现整理的甲骨文单字已经超过 5000 字。

继清代金石学家王懿荣从中医处方中的一味"龙骨"的中药上发现了甲骨文后，刘鹗、王襄、罗振玉、王国维等一批清代学者开始研究甲骨文。甲骨文已经奠定了中国汉字结构的基本形式，按"六书"规则构字，具备指事、象形、形声、会意的字形结构，在字义使用上有了转注和假借。

图 2.4　晚商时期的龟腹甲占卜刻辞

甲骨文多契刻于牛骨上，除此之外，中国南方地区还选用了鹿骨、羊骨、猪骨和马骨作为文字载体。由于刻写材料的质地坚硬，采用动物的尖齿、玉刀、铜刀和剞劂等为雕刻工具，甲骨文呈现方形的文字特征，从西周岐山出土的甲骨来看，文字凿刻细密，排列整齐。有学者研究认为甲骨文是先写后刻的，但契刻笔画的顺序并不严格遵照书写顺序，而是考虑雕刻的方便，旋转甲骨顺势而刻，较细的笔画一刀刻成，粗笔画则先刻边线再剔除中间部分。

从出土的甲骨文中，可以看到中国文字的早期编辑习惯，最早关于中文版式的设计可以追溯至此。有些甲骨文还在契刻后的文字中

填入朱砂或绿松石作为装饰。如
中国国家博物馆馆藏的一片殷
代武丁时期牛胛骨骨版正面（图
2.5）与背面的刻辞，便记录了商
王祭祀、占卜、狩猎等活动，反映
了当时的社会历史与生活面貌。
这片骨版上的刻辞保存完整，
文字大小错落，自右向左竖直排
列，字形结构质朴，契刻的笔画
中以力度强劲的方折笔为主，也有
圆滑流畅的弧线，字体形态自然而
富有变化，字内笔画刻痕中填有
朱砂，以增加版面的色彩对比度，
形成鲜明而强烈的视觉刺激。

图 2.5　殷代武丁时期牛胛骨刻辞

　　甲骨文作为中国最古老的
书体与成熟的文字体系，以甲骨为保存文字信息的物质载体，在字形
结构与字体风格的发展中使汉字契刻的技艺逐步趋于成熟。自甲骨文
始，中国的早期文字几乎都以雕凿和契刻的形式出现在不同的物质载
体之上，与不同历史时期中社会科技发展水平相适应，不同的物质载
体影响了各时代中不同汉字风格的形成，这与特定时代的物质文化密
切相关。

三、金文：青铜器上的铭文

　　夏商之际开始出现青铜器，商周时期是青铜时代的鼎盛时期，青
铜器的种类很多，食器、酒器、水器等既在祭祀也在日常生活中发挥

作用，礼器与乐器更是成为象征国家威权的"国之重器"。王室与贵族在青铜礼器上铸造文字，这些铭文被后世称为"金文"或"钟鼎文"，记载了祭祀、战争、赏赐、书约、训诰等关系国家命运的重要文件或重要事件，使其得以代代相传保存延续。

因受铸造工艺影响，金文字体呈现出圆形的特征。青铜器上的铭文通过事先制作字范，再合进整体的青铜器范浇铸而完成。随着字范的雕刻技术逐步成熟，青铜铭文在铸范时便已制好，在浇铸青铜器之前先用泥范或陶范浇铸字范，一字一范，或数字合成一范，组合成全文后再合进整体的青铜器范。这对后来泥活字版印刷工艺的发明具有重要的启发意义。后期还有采用失蜡法的方式铸造青铜器，也有不通过制范法，直接刻画在青铜器上的铭文。

金文字体大小一般为 2 厘米见方，自右向左，自上而下地排列在青铜器壁上。早期的青铜器上铭文较少，位置并不固定。商代青铜器上的铭文字数少，铸于器壁不显著的部位，而西周时期的青铜铭文篇幅较长，长篇铭文的文字自上而下，自右而左排列，字体圆润优美，具有记事的作用，内容丰富，有利于信息的广泛传播与保存。

到了西周时期，鼎和盘等大型器物的腹壁上出现了长篇铭文。西周与东周各个时期的金文反映出汉字在字体风格上的变化。毛公鼎（图 2.6）便是西周晚期具有代表性的大型青铜礼器，在毛公鼎内部刻有近 500 字的金文，是青铜器上发现的篇幅最长的铭文。铭文线条圆融流畅，结构雅正，整体布局雅观，是书法史上的重要作品。

纵观商周时期的青铜铭文，体现出从甲骨文向篆书演变的过程，商代铭文与甲骨文风格相近，笔画细瘦，字形方正，西周早期的铭文以"满天星"式的章法排列，笔画首尾尖细而中间宽大，如令彝、大盂鼎上的铭文（图 2.7）；西周中期以史墙盘为代表（图 2.8），笔画柔和

图 2.6　毛公鼎铭文及拓片

图 2.7　大盂鼎铭文

图 2.8　史墙盘铭文

流畅, 字形圆浑紧凑, 排篇布局平稳匀直。西周晚期以毛公鼎、虢季子白盘 (图 2.9)、散氏盘等为代表, 周宣王时期的史籀是中国历史上第一位有记载的书法家, 他创作的"籀书"是当时标准的大篆字体。西周后期是金文发展成熟的高峰, 青铜铭文的篇幅更长, 是成熟的大篆字体，文字线条修长飞动。

青铜器上的图案与纹饰强调装饰性，青铜器的表面花纹装饰，采用的工艺既有整体铸范法，也有模板捺印法，快速印制出重复的装饰纹样。制作青铜器部件与纹饰时所采用的模块与复制的思维方式，对于印刷术的产生有基础性的启发。

东周时期，由于社会动荡而分裂，各地的金文呈现不同的地域特色，到了战国时期，各地金文字体风格上的差异化增大，一些地区的文字呈现装饰化

图 2.9　虢季子白盘铭文

特点，如鸟虫书、蝌蚪书等，汉字的字体形态趋向于更丰富的面貌。

四、书于竹帛：新的书写载体与信息传播

从春秋战国时期开始，人们便在简牍与缣帛上书写文字。

缣帛是在丝织品上书写文字与绘制图画的载体形式，自出现后便在贵族阶层中持续地流传与沿用。简牍是竹简与木牍的统称，将竹、木削成笔直狭长的薄片，窄的为简，牍则是比简更宽的木片。随着文字载体的变迁，这些书于竹木薄片与丝织缣帛之上的文字，从形态上经历了从甲骨文到大篆，从大篆到小篆的发展过程。

简分为长简、中简与短简三种，长简为 2 尺 4 寸，中简为 1 尺 2 寸，短简为 8 寸（1 尺在汉代约为今天的 23 厘米），将一篇文章的简用绳编连而形成简册。

简的长短差异很大，大多数 简的长度为 20 厘米（最长的简有 70

余厘米，最短的则只有 10 厘米左右），宽度一般为 5 至 10 毫米，厚度约为 2 毫米，大部分简只写一行文字，也有并排竖写两行文字的"两行简"，两行简较宽，约为 2 厘米。单条的简上由于空间狭长，并不利于呈现图画，当有表现图画需求时，则将多条简并排形成较宽阔的空间来承载图画。如湖北云梦县睡虎地出土的《日书·人书》（图 2.10）中，将五条竹简并成较宽的平面，上面画了两个手脚并伸展开的人形，周围注明文字图解。

图 2.10　湖北云梦县睡虎地出土的《日书·人书》中的插图摹本

牍是比简宽的竹木薄片，一般宽度多为 2 至 3 厘米，最宽的牍有 6 厘米左右。牍比简更适用于承载图画与图案信息。简牍作为在纸张发明以前使用最为广泛的信息载体，为后世卷轴装一类的书籍形式提供了最早的形式基础。

古代曾以竹简与帛相配，以简为文字的载体，而以帛为图画的载体。1946 年在长沙陈家大山楚墓出土的战国楚帛画（图 2.11），画上绘一女子，女子左上方绘有一龙一凤，表示引导死者通往永生世界，表明了墓主人的身份尊贵，生动地呈现古代楚文化中对精神与信仰的描绘。1942 年在湖南长沙子弹库楚墓出土的残帛图画（图 2.12），为最早发现的帛书。中间为文字，四周绘 12 幅图画并在一旁配上小段文字，完整的画面形成了版式上的美感。图文并茂的形式给后世的插图图书带来很大启发。

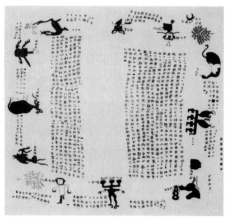

图 2.11　长沙陈家大山楚墓出土的战国楚帛画

图 2.12　湖南长沙子弹库楚墓出土的《残帛图画》

　　现存最多的帛书多为汉代人所制，湖南长沙马王堆汉墓出土的20余件帛书，如《导引图》《天文气象杂占》《刑德》等，为后代了解古代图画留下了珍贵资料。

　　帛书中的"朱丝栏"和"乌丝栏"，即用红色或黑色的细竖线对文字进行框界，这些版面上的视觉形式对于后代书籍形式形成深远影响。宋版图书中的栏格线便来源于"乌丝栏"。

　　简牍在纸张广泛使用后便不再流行，因其形式笨重而湮没于时代之中。然而，帛书在竹简被纸张淘汰后仍继续为各个朝代中的贵族阶层所沿用，至今仍是绘画与书法作品的重要绘写材料。中国人在进行书籍装帧设计时，也时常用丝织品来装裱封面，这些丝帛材料便一直沿用至今，并且不断开发出新的品种与类型，仍是艺术创作时所采用的贵重载体。

五、石鼓文与碑刻文书

自商周时期以来，中国便形成将石头作为文字载体的传统，认为石头的永恒性有利于信息的长期保存。商周时期开始出现玉石辞刻，后世发展成熟的石刻文字有碑、碣和摩崖等形式。碑是在片状的石料上刻字，是最为常见的石刻文字形式。碣是在天然石块上刻字。而摩崖则是在自然界的山崖上刻字。现存最早的石刻文字为商代妇好墓的石磬，上刻与甲骨文字体相同的"妊竹入石"四字。玉石辞刻反映了文字雕刻技艺的发展，也反映了汉字字体的演变过程。

石刻文字的出现与发展对于雕版印刷来说，具有印刷载体与雕刻技艺两个层面上的启示意义。

石鼓文是现存最早的石刻文字，春秋后期便已经出现，这些文字刻于圆鼓形的石头之上，石鼓文的字体是介于金文与小篆之间的大篆，也称为籀文，石鼓文在书法史上具有承前启后的重要价值（图2.13—图2.15）。

公元前 221 年，秦始皇在统一中国后，进一步统一秦国的文字与

图 2.13　秦代銮车鼓

图 2.14　秦代銮车鼓石鼓文晚清墨拓纸本

图 2.15　秦代石鼓文宋代墨拓纸本

度量衡，以巩固秦朝的中央集权统治。国家提出"书同文"的政令，在秦国文字的基础上加以规范与统一，形成小篆字体，成为官方承认的标准文字。为了歌颂秦王功绩，泰山、琅玡、芝罘、碣石、会稽、峄山等地均竖起李斯书写的小篆石碑（图 2.16）。

汉代的碑刻数量进一步增多，展现了汉代隶书的书法美感与特征。东汉灵帝熹平四年（175）开刻的《熹平石经》（图 2.17）是中国历史上第一次石经刊刻工程，也被称为"刻在石头上的书"，规模空前，体现了典型的隶书字体，于光和六年（183）刻成，立于洛阳太学门前以供人们阅读传抄，是传播儒家经典的有效手段。《熹平石经》为书法家蔡邕书写，书法成就极高。

除了《熹平石经》之外，汉代还留下了《张迁碑》《曹全碑》《乙瑛碑》《礼器碑》等各具字体特征与书法美感的重要碑刻作品，展现了汉代隶书的结构、线条与韵律之美，为现代印刷字体设计提供了重要借鉴。

图 2.16 《泰山刻石》北宋拓本局部　　图 2.17 东汉《熹平石经》残
件拓片

　　三国时期，楷书字体逐渐成熟定型，成为后世印刷字体的首选，端正规范的楷体汉字为印刷术的产生提供了具有典范性的刻版字体。三国时期魏国的钟繇被奉为楷书之祖，《宣示表》（图 2.18）是其存世的代表性楷书书法，呈现出质朴浑厚的字体特征。

图 2.18 三国时期魏国钟繇《宣示表》刻本拓片

北魏时期的《龙门二十品》是从数十种刻石中精选书法进行碑刻的名作（图 2.19）。不同于大多数碑刻所采用的阴刻文字，在《龙门四品》中，北魏《始平公造像记》（图 2.20）采用阳刻文字，与绝大多数阴刻的碑版不同，是更加接近于雕版印刷工艺的文字处理方式。这幅碑版上的文字通过打线格的方式而达到通篇的规范整齐，拓印出阳文的技艺与思维已经与后来的雕版印刷的雕刻与刷印技艺非常接近了。

汉字的规范化与审美标准的确立，为大规模传播信息提供了重要的基础。楷书的艺术形式在隋唐时期发展到了高峰，与雕版印刷术的发明及应用形成了自然而紧密的衔接。文字与图像信息的传播方式随着印刷术的发明，从手抄本转向了印刷复制这一更有效率的形式，而在此之前，以楷体字为首的汉字审美风格与字体规范奠定了中国印刷艺术与设计的传统。

图 2.19　北魏时期《龙门二十品》之《云阳伯郑长猷为亡父等造像记》

图 2.20　《始平公造像记》局部

第三节 印刷设计的介质演变

不同的文字载体与书写工具，影响了不同类型的字体和图像风格的产生与呈现。刀、笔、纸、墨等工具的发展，为雕版印刷的出现做了充分准备。材料的选择与应用本身蕴含着人类理解事物的方式。随着人们掌握工具与驾驭物质材料能力的增强，承载印刷设计的介质也随之丰富起来，并产生了相应的演变。

一、甲骨、玉石和竹帛

历史上，在纸发明之前，岩壁、树叶、甲骨、陶器、青铜礼器、玉石、竹木、缣帛等材料与介质都曾承载着中华大地上远古先民的图腾与文字。甲骨是龟甲与兽骨的统称。商代的甲骨成为记录文字的重要载体，甲骨在商代后期已经发展成熟，文字的基本造型也确定下来。

竹木简牍是在纸张发明与广泛使用之前的重要书写介质。商周时期开始出现以竹子、木片为书写载体的简牍，南方多用竹子，北方多用木简，甲骨文与金文中有"册"字，可以说是中国最早的书籍形态，象征着成捆编结的竹简。

写于周宣王时期的《诗经·小雅·出车》一文中提及"简书"，说明在公元 8 世纪以前简书已经普遍使用了，然而汉代以前并无竹简防腐保存技术，难以留存至今。2002 年，湘南龙山县里耶镇出土了 10 多枚战国时期的竹简，已经腐朽残损。从典籍与考古发现来看，竹简可能比甲骨更早出现，甲骨是官方使用的记录材料，而竹木简牍则是平民所使用的材料，简牍流行的时间长达数千年，其中所反映的社会生活内容更为丰富而多元。

两汉时期，竹木简牍的工艺、版面与文字特征趋于成熟。新竹脱水的处理技术被称为"杀青"，竹木原材料经处理后方可成为书写载体。简册对中国传统书籍的阅读方式与审美形态形成了深远的影响，简册上的书写与阅读顺序为自上而下，自右而左，右手执笔书写，备用竹简放于左手侧，形成中国传统汉字排版与阅读的基本顺序，并在很长的历史时期中延续与发展。直到魏晋时期，纸张的出现取代了笨重的竹木和贵重的缣帛，成为书写的主要载体。

缣帛是以丝织品一类的贵重材料作为书写文字的载体形式，用于书写文字的帛书与用于绘制图画的帛画，由于其材质特性而导致成本高、价格贵，自发明以来便在皇家宫廷与贵族阶层使用，在上流社会流通与传承。帛书与帛画的形式在历史发展过程中继续被沿用，成为后世书籍装帧与书画装裱的重要形式，为印刷设计提供了重要的形式创意。

二、纸的发明与演变

中国人对于植物纤维作为书写材料的探索有着悠久的历史。通过近年来的考古材料可知，早在公元前 2 世纪，中国的部分地区便已经有原始的纸张材料出现。纸张的发明经历了漫长的探索过程。甘肃天水放马滩 5 号汉墓中发现了中国最早的纸质地图（图 2.21），该地图的制作年代应在西汉中前期之前，意味着纸的发明与制作技艺应在这一时间之前便已经有所发展。公元 2 世纪，东汉时期的官员蔡伦在植物纤维的基础上试制出真正意义上的纸张。蔡伦在前人的基础上，改进了优质麻纸的制造工艺并使之流传下来，并对纸的普及与应用起了重要的推动作用。作为基础性的承印材料，纸的发明与质料的改进，是印刷术出现的重要前提条件，纸的材质、工艺以及形态的变化，也为印刷设计提供了极为重要的物质载体与呈现途径。（图 2.22）

图 2.21　放马滩地图　西汉　　　图 2.22　敦煌出土纸质文书　西汉

在汉代的传统观念中，人们仍认为"纸轻简重"。尽管当时的制纸技术水平已经很高了，但人们囿于传统认为纸这一材质轻贱的观念，仍将简帛作为主要书写材料。纸作为一种新兴的书写材料，最初在纸上记录文本信息，并不是受社会普通认可的正式书写形式，而是一些世俗化的、娱乐性的信息，官方认可的重要信息与正式信息仍是用简的形式来书写与承载。东汉末年，社会的动乱加速了纸在社会中的应用，成为简的替代品。

最终，纸这一新的书写载体仍以其压倒性的优势而渐渐改写了传统。纸的发明大大推动了知识与文化的传播，纸比简牍要轻便得多，原先要用一车简策去记载的图文信息，如今用一卷纸便能记载完；纸又比名贵的缣帛要廉价得多，于是纸写本成为最流行的阅读材料。

到了南北朝时期，纸张表面涂布技术也发展成熟，改善了纸的平滑度、透光度与受墨性，纸已经代替简帛成为社会上书写的主流材料了。

西晋时期，曾因人们争相传抄左思的《三都赋》而导致纸张供应出现短缺，纸价由于供求关系的变化而抬长。这一"洛阳纸贵"的事件，成为中华成语典故的同时，也反映了纸张在社会中流通与应用的情况。

　　张秀民在《中国印刷史》中提出中国最早的印刷品出现于唐代贞观年间。在我国印刷术发明之前，传抄是图书复制的主要手段。中国甘肃敦煌莫高窟出土的几万卷古写本被称为敦煌遗书，大部分为汉文写本，记录了东晋末期至北宋初年的宗教、文化与政治等重要内容（图2.23）。

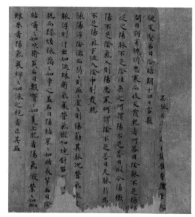

图 2.23　敦煌《食疗本草》残卷
纸本，卷轴

三、笔、墨、砚的发展

　　除了纸之外，笔、墨、砚等书写工具也经过古人的探索而设计成型，并在历史进程中不断改进其工艺与制作方法。纸张、墨与笔的发明，为印刷术的出现做了充分的准备，为印刷设计奠定了重要的物质基础。

　　中国的先民们很早便开始制墨用墨。从新石器时代后期的陶器器壁上，便已经可见黑色的图画，可能是以石墨为原料所制成的黑色涂料。在仰韶文化的陶器上，便已经有用毛笔涂绘的花纹与图案，甲骨上的文字也是先用笔涂墨后再进一步雕刻而形成甲骨文。到了汉魏时期，人们已经制出了松烟墨。东汉时期出现较大规模的制墨工坊，官府则按官员等级配给墨料。三国时期的韦诞是历史上有所记载的首位手艺精湛的制墨工匠，享有"仲将之墨，一点如漆"的美誉。北魏贾思勰所撰的《齐民要术》中已经记载了详细的制墨方法，称之为"合墨法"。制墨工艺到了南北朝时期已经趋于稳定成熟了。

笔的研制成型经历了漫长的探索期。在新石器时代晚期的仰韶文化，人们已经开始用类似毛笔的工具在彩陶上涂绘图画与符号。商代的甲骨文先用笔在甲骨上书写后再刻画而成，甲骨文和金文中已经用"聿"字（图 2.24）来表

图 2.24　金文大篆"聿"字

现人手握笔的情景，商代的青铜铭文在制范前也需先用笔墨来书写，秦汉时期的石刻文字在刻制前也需先由笔墨书写。笔墨的配合使用是文字与图形信息得以保留的重要前提。

从战国时期各地出土的帛书、帛画、竹简、木牍等来看，当时的笔、墨、砚等书写工具与书写材料均已经发展成熟了。（图 2.25）

图 2.25　战国时期的毛笔

历史上有秦代"蒙恬制笔"之说，可见秦代制笔工艺的发展与成熟。秦汉时期的人们习惯将毛笔一端削成尖状，簪于头发结上作为装饰，时称"簪白笔"，成为仕族的文化习俗与审美形式。到了唐代，制笔技术达到了极高的水平，可以为不同风格的书法字体提供多种规格、不同性能的毛笔，这为书法家提供了重要的书写工具，制笔工艺的发展成熟助推了唐代书法艺术的鼎盛。

砚在中国文化中称为"砚台"或"砚池"，是中国独有的研墨与调色的重要器具。新石器时代晚期的仰韶文化遗址与马家窑文化遗址都出土了石砚和研磨调制颜料的其他工具。砚在

图 2.26　汉代砚台　西汉南越王墓

最初的制备过程中，便已经兼具了研磨与存储墨料的功能，为后来印刷设计中的材料制备与存储提供了启发性的思路。砚在中国社会的人文环境中不断发展成熟，并在不同地域因其原材料的独特性而形成了不同质感与审美风格，最终成为集雕刻、书法、图画与美术造型于一体的艺术形式，成为兼具实用性与艺术性的文化用品。（图 2.26）

综上，笔、墨、纸、砚经历了漫长的发展与演化过程，成为中国传统文化中并举的"文房四宝"。笔是书写印版文字与图画的工具，墨是印刷最常用的色料，纸是最广泛的承印材料，砚是研磨调制墨与其他颜料的工具。只有当造纸技术与制墨技术发展到一定程度，并与印刷技艺相结合，才有了大批量印刷制作图文传播信息的可能。

第四节　印刷技艺溯源：雕刻与拓印等技艺演进

早在新石器时代，中国先民为了文化信息的传播与延沿，便已开始探索图文复制的方法与技艺，并不断地向前演进。图文复制的功能与效用也在历史进程中继续提升和发展，为印刷技艺提供了基础的方法论，也为印刷设计的发展提供了重要的技术前提。

一、压印与契刻

新石器时代，中国的先民便已经掌握在器物表面进行压印与契刻的方法。仰韶文化时期，人们在未干的陶器上运用各种工具压印上绳纹、网纹等图案，以此来形成陶器上的装饰纹样，由此开始探索复制图形与图案的方式。半坡文化的彩陶上已经出现了类似文字的刻画符号（图 2.27），这些记号或符号可能是古老文字的雏形，也可能是远古图腾的形态，通过刻画的方式来产生具有凹凸效果与图形肌理，这一做法影响了后来的图文创作与图文复制的思路。甲骨文是契刻于兽骨与龟甲之上的文字，金文则是雕刻于青铜礼器之上的铭字综合地反映了中国文字雕刻技艺的持续发展。到了秦代，铜器铭文常见于虎符、诏版、诏量等物之上，雕刻技艺上进一步成熟（图 2.28）。

图 2.27　带有刻画符号的彩陶钵
新石器时代

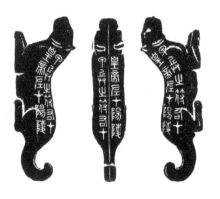

图 2.28　小篆体秦阳陵虎符及拓片

二、印章的产生与发展

　　中国的印章与印刷术有着密切的联系。印章是结合契刻与压印技艺而形成的艺术形式，对中国古代印刷术的发明具有重要启发意义。

　　中国印章始于商周时期，河南安阳殷墟便已经出土了 3 枚青铜印章（图 2.29），在周代墓葬中则出土有大量青铜印章，可见印章在当时社会上的应用与推广。印章是古代权力与地位的象征，早期的印章多为金属铸造或雕刻形成，称为"鈢"，多用于封泥，与现代火漆的用法相似，以压印图案的唯一性来作为商品交换的防伪与信用凭证。（图2.30）

图 2.29　子豆玺、瞿甲玺、亚禽氏玺　商代

图 2.30　王匋敀□　战国

秦始皇统一中国后，改变了商周以鼎等青铜礼器作为国家权威象征的做法，以铸印来作为权威与等级的象征。印章分为皇帝使用的"玺"，以及百官使用的"印"与"章"，不同身份与级别者使用的印章有了严格的序列与形制的规定。这一时期的印章除了姓名印之外，还出现了以吉祥语句为内容的印章，开拓了印章所承载的内容，为后世的诗词印章奠定了基础。秦代的建筑部件瓦当与印章在制作思维与呈现形式上有着内在的关联性。秦代流行的圆形瓦当上多有以小篆为字体的以及与形态相适应的图案。

汉代印章的使用制度以及造型规制，均在秦代的基础上进一步深化与发展，在艺术风格上形成了新的特色。西汉的官印多为凿印，而东汉的官印以铸印为主流。如汉宣帝之子淮阳王刘钦所用的官印（图2.31），以有黑褐色内沁的白玉为材质，整体形态为方形，饰有覆斗形钮，印面为正方形，阴线刻有篆书"淮阳王玺"四字，字体流畅劲道，端正威严。官印的用途也渐渐分化，一部分仍为官文封泥所用，一部分则演化为官员们随身携带的身份与地位之象征物。私印则除了姓名印、吉语印之外，还发展出具有图案性质的肖形印，生动地反映了汉代的社会人文。直到东汉时期，人们才开始在印章上着色盖印，早期常用的印料为黑色，后来又发展出朱砂作为红色印料。

图 2.31 淮阳王玺　西汉　国家博物馆藏

印章的材质与形制在后世发展得更为多样化，形制上多为正方形、长方形或椭圆形，印面精致小巧，所刻文字字数较少，采用反向刻印以印出正向图文，既有阴刻也有阳刻，金属、玉石、象牙、瓷、泥、木等材质皆可为印章所用，印章在中国文化发展的历程中成为独具特色的艺术形式。同时，印章以雕刻与压印的结合为特征，对于印刷术的启发是显而易见的。制作印章时，先在印石材料的印面上反刻出文字（早期金属印章上的文字也有以浇铸的形式制作形成），再将所刻图文盖印到纸或其他材料上，这一结合了雕刻、浇铸与压印的制作工艺，和中国古代雕版印刷的雕刻与刷印工艺非常相似。

三、织物印染

中国古代在织物染色的基础上渐渐发展出更为复杂的织物印花技术，在纺织物上通过压印的方式形成更为复杂的纹路与图案。目前，中国出土最早的织物为陕西宝鸡出土的西周织物。

到了汉代，织物上的印染技术已经发展到十分成熟的阶段了。湖南长沙的马王堆一号汉墓出土的四件印花敷彩纱便展现了当时的印染技术所达到的成就，织物先染成棕、黄、绛红等底色，再在织物表面进一步实施印花与手工彩绘，最终结合而成整体的色彩与装饰图案效果。（图 2.32）使用菱形模具印出菱形小单元的底纹图案，再在底纹上用不同色料手工绘制花蕊与叶片。

马王堆一号汉墓还出土了"金银火焰印花纱"，是最早采用套色印刷工艺的织物。可见套印技术早在雕版印刷术出现之前，便已经在丝织品的装饰纹样制作上出现了。

广州南越王墓出土的铜印花凸版，是现存最早的古代织物印花模具。（图 2.33）此铜印花凸版为一套两件，一大一小，皆为薄板状的铜片，正面为凸起的纹样，图案流畅，背面光滑并设有穿孔小钮以供执握，以便于蘸色后在丝织品上实施印压动作，最终将纹样依次套印于丝织品上。在南越王墓已经炭化的织物中发现有这种纹样的"金银火焰印花纱"，印染模具与丝织印染成品在同一墓葬中出现，更进一步印证了汉代丝织品彩色套印技术在当时已有了重要进展。

东汉时期的人们已经 掌握了成熟的蜡缬印花的技艺，从新疆尼雅出土的蜡染印花棉布（图 2.34）上，已经可见复杂而清晰的图案与纹样。该织品上手持丰饶角的半身女神像和纹样图案与古代丝绸之路上的文化交流密切相关，蜡缬的制作工艺显示了中国古代图文复制技术的多样性。

图 2.32　长沙马王堆汉墓　印花敷彩
　　　　　纱制成的袍

图 2.33　广州南越王墓出土的
　　　　　铜印花凸版

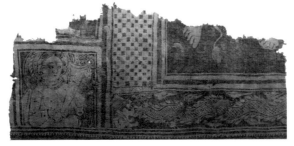

图 2.34　新疆尼雅出土的蜡染印花棉布　东汉

纸与纺织物之间具有密切的关系，在功能与属性上也有近似之处，两者在材料形态上有一定的相似性，在用途上也可以互相转换。纺织品一方面可直接用于图文信息的记录与传播，在纸张发明以前，缣帛便是用于书写与图画的丝织品形式；另一方面，纺织品在制成服装与饰物之前，色彩与图案的印染阶段，其平展的形态也与纸张有相似性，相关的印染制作工艺也与后来的印刷术原理有着相近的思维与行为模式。纺织品上的印染技术先于印刷技术而存在，对于印刷设计的技术经验起到了重要的启发作用。

四、拓印与漏印

在中国古代，拓印也称为"蝉蜕术"，是在有凹凸形态反差的物质载体表面通过拓印工艺获得信息复制的方式。

自汉代纸发明与广泛应用之后，拓印技术最早应用于对碑碣书法的复制，以供人们学习经书与临摹书法。最早，人们通过拓印工艺在雕刻的石碑表面复制碑文，后来便进一步发展到在各式有凹凸反差的表面复制信息了，包括在铸刻的青铜器、甲骨文、等器物表面取得文字或图像复制品。（图 2.35）

中国古代的许多书法真迹通过拓印的方式而得以保存、传播和研究。在拓印石碑时，先用矾和白芨水将纸张浸湿平铺于石碑上，用刷子等工具使碑面文字笔画的凹凸与纸表高低一致，再等纸稍干后用拓包在纸上均匀拓上墨水，形成黑底白色或白底黑字的拓印品。

现存最早的拓印品为敦煌藏经洞出土的唐太宗李世民的《温泉铭》（图 2.36），在原碑刻已经失传的社会现实中，这件唐代的拓印品便成为原作极为重要的镜像文本，唐太宗李世民的书法面貌与书体风格借助拓印技术而得以保存与留传。

图 2.35　青铜器全形拓　　图 2.36　敦煌藏经洞出土唐太宗李世民《温泉铭》拓件局部

　　拓印技术与雕版印刷技术已经具有很高的相似性，可以说两者是同源的技艺形态。当碑板上的文字由阴刻文字转变为阳刻文字时，雕版的雏形便开始形成了。

　　漏印是在厚纸上用针刺出所需的图案制成漏版，将漏版放于承印的材料上，在漏版上施墨后，墨料透过针孔下渗从而在承印材料上印出所需图案。马王堆汉墓中所发现的丝织品上便保留有通过漏印技艺形成的彩色花纹。到了唐代，用兽皮或纸制作漏版已是常见现象了。

　　拓印与漏印等复制工艺拓宽了图文信息复制的技法与形态，与此同时也为中国古代艺术的保存与流传提供了重要途径，并启发了后来的艺术与设计。在诸种工艺的基础上，随着技术的发展，材料的丰富，当量的积累到一定的程度，在某一个节点上便有了质的飞跃，为唐代出现的雕版印刷技艺提供了技术与工具的准备。而这些古老的雕刻与印制技艺，有些发展成为独特的艺术形式，同时也为后世的印刷设计提供了宝贵的创意灵感。

第五节　文化传播的需求

一、图书流通与贸易的出现

　　春秋战国时期中国社会经历了前所未有的动荡与纷争，当时的社会环境在一定程度上也刺激并催生了文化的多样性和思想上的百家争鸣。竹木简牍与缣帛等书写介质的普遍应用进一步加速了图书流通与文化传播。孔子的编辑活动是春秋时期出版活动的标志性事件，战国时期诸子百家的思想则进一步得到了编辑与传播。

　　秦始皇统一六国后，统一了文字、货币、度量衡与车辙，形成全国趋同的思想与文化标准，后又为了维护大一统和皇权而焚书坑儒，镇压意识形态上的异见者，对于出版事业造成了重大损毁。同时，秦代的严酷刑法使法律文书的数量大幅度增加，以湖北云梦县睡虎地墓中发现的大量秦代竹简为代表。

　　两汉时期，图书流通与交易的形式逐渐发展起来。西汉末年，长安开始出现专门买卖图书的书肆、槐市，并在东汉时期继续繁荣。书肆的出现促进了图书的交易与流通，有利于文化的传播。

　　东汉时期，图书流通的需求增长后，人手抄写和复制图书便成为普遍现象。当时传抄和复制图书已经逐渐发展为专门的职业，称为"佣书"。例如，名将班超在弃笔从戎之前，便从事"佣书"工作。随着图书需求量越来越大，政府中设置专门的"佣书"岗位，负责图书的抄写复制工作，民间也有人以"佣书"为主业自抄自卖，入仕无门的读书人也以"佣书"为副业，使图书的再生产与流通变得可行。然而，受制于两汉时期图书以竹木简牍为载体，笨重沉重，手抄复制的效率过低，远远未能满足市面上的需求。与此同时，人们对于高效率的复制技术有很大需求，仍在不断探索更便捷的图书复制技术。这一现象直到纸张的改进与广泛运用后才得到改善。

魏晋南北朝时期，纸的品种、产量与质量都有了很大的增长与提升，进一步促进了纸本书的发展，纸张对于简帛的代替使用已经基本克服了观念上以及技术上的阻碍。到了东晋时期，写本书的形式已经十分流行了。这一时期以抄写图书为职业的人也大幅度增加。两晋时期的《三国志》写本残卷（图 2.37），为现存最早的手写纸本书。

隋唐时期，随着科举制度的推行与发展，社会对于图书的需求量剧增，民间的许多抄写书本的书坊也应运而生。隋唐时期随着佛教的鼎盛而大量增加，各寺院专门有一批抄写经书的僧人，手抄的佛经成为当时图书形态的重要载体。直到雕版印刷术的发明与应用后，中国文化传播与流通的主要技术手段，才展现出从手抄本到雕版印刷本的技术转变。

图 2.37 《三国志》写本残卷 两晋时期

二、佛教的传播

宗教传播的信念以及社会现实中对于宗教文本的需求是印刷术发明的巨大动力，佛教在中国的传播促进了中国传统雕版印刷技术的出现与发展。

佛教自西汉末年开始从印度传入中国，东汉明帝年间，佛教大规模传入中国，西安白马寺是中国的第一个佛寺，也是历史上最早传译佛经的场所。据统计，两汉时期的汉译佛经已经达到 200 多部，数量上已经十分可观。佛经的传译成为中外文化交流的一个重要门类，对图书出版起积极的促进作用。

南北朝时期，佛教在中国广泛传播。上至达官显贵，下至平民百姓，都以虔诚抄写、无私捐献佛经作为皈依佛教的宏心发愿。到寺院捐献佛经的宗教行为流行之后，便催生出了专门抄写经书的人群，这些人被称为"抄经生"，抄经生人群结构颇为复杂，包含了不同文化层次的僧人与以抄经为商业化经营的普通百姓。通过敦煌藏经洞留存下来大量手写本经书的情况，不仅呈现出佛教发展的态势与面貌，也可以了解到当时中国社会上的图书数量有了极大的增长。敦煌出土的多种两晋时期的佛经手写本反映了当时佛经手写本的基本面貌。敦煌出土的手抄经书上的书法字体也由于其特色而被称为"写经体"或"敦煌体"。

敦煌出土的西晋写本佛经《摩诃般若波罗蜜经》（图 2.38）便是现存具有代表性的早期佛经写本，字体为保留有隶书笔画特点的楷书风格，工整端正。与手抄佛经的写经体这一独特字体形式相适应的是佛经的整体版式与呈现形态。这时的写本佛经与前一历史时期所流行的简牍相比，在阅读顺序与阅读习惯上是相一致的，卷面呈现为竖行

中国印刷设计史

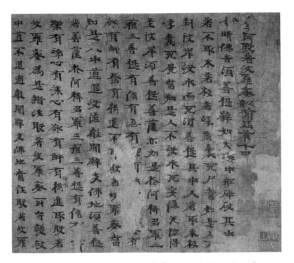

图 2.38　西晋写本佛经《摩诃般若波罗蜜经》

左起，从左至右，自上往下的阅读顺序，大部分经卷的版面上都绘有边框与行格的界线，行高多为 20～30 厘米，以卷轴装作为常用的装帧方式。手写经书上的写经字体呈现出规整美观的视觉风格，并在当时社会中形成具有约定性的审美规范，为后来雕版印刷术的字体选择、版面风格等奠定了基础。

三、装潢与图书形态

从更广泛的意义上来说，中国的书籍形态伴随着汉字与其他图文信息的演变，以及书写介质与工具的发展而呈现出丰富的形态。从殷商时期的甲骨联编，再到春秋时期的石鼓阵列，可谓装帧设计与展示设计的初期思维。简牍与缣帛流行之后，将简牍编版成册的做法对于后世的书籍形态起到了深远的影响。纸写本图书最早以卷轴的形式出现，便是受到简册形制的影响，其版式风格与阅读方式也一以贯之。

而帛书上的版面形制也对于后来的纸本书有着直接的影响，如帛书上的"朱丝栏"与"乌丝栏"等行格制度便影响了后来中国传统书籍的版面形制。

"装潢"一词在中国近现代时期很长一段时间被人们用于指称"现代设计"，而"装潢"一词的词义渊源实际上与中国古代书籍的制作工艺密切相关。中国古代手写本图书的染潢防蠹工艺称为"装潢"。古人探索出将植物汁液经由加工后施加于纸张之上的防蠹工艺，往往通过将黄檗的树皮与树枝煮水至呈黄色，沥渣后浸染纸张来防虫蛀，延长保存时间。后来，装潢的词义便从最早的纸张防蠹工艺扩展为更广泛的图书装裱与美化工艺的统称，如唐代的官方记载中便已经有"装潢匠"一职了。装潢包括了染潢、裱装等多种工艺。到了唐代，图书装帧方式已经发展出许多种不同的形式，如经折装、旋风装等。

印刷术的发明是一个中国先民不断积累智慧与经验，从量变到质变的过程，而印刷设计的发展，也在中国图书形态演变的历程之中相伴而生，对于文化的传播起重要推动作用。在印刷术发明之前，人们在漫长的历史进程中探索出丰富的书籍形态。在印刷术发明之后，原先应用于不同材质的书籍装帧形式也经由逐步的发展改良应用于雕版印刷的图书之上，成为印刷设计的重要形式。

第三章

隋唐五代印刷设计

第一节　隋唐、五代雕版印刷概况

蔡伦对造纸方法的改进使得纸具备了推广的物质基础，但在社会观念上，简帛要高于纸。东汉中后期，虽然已经出现了制作良好的纸，西晋时纸的应用十分普遍，南北朝时纸最终代替简帛，成为主要书写材料。隋唐时，造纸技术更好，产量更大。

在纸的应用过程中，佛教的传播对于纸和印刷术的扩散起到非常重要的作用。佛教出于传教目的，需要针对各个层次的接受群体提供宗教资料，印刷显然非常有利于这一目的。佛教相对于道教等中国本土宗教有更强烈的传教意识，从现存的印刷遗存看，在早期的印刷资料中，佛教的最多（图 3.1）。

图 3.1　《千佛图》9 世纪捺印本

除宗教印刷外，历书等与日常生活关系密切、影响人群广泛的印刷品是最多的。由于这种极强的应用目的，在印刷之前的写本时代，这些物品其实已经有了很大的数量，印刷只是加快了复制的速度，提高了数量。唐代时，中国雕版印刷术开始成熟和发展。无论是南方还是北方，都有了刻书活动，但这时的印刷行为主要是在宗教场所和民间。

在对雕版印刷形成时期的推断中，对于隋及唐初的推断，在文字记载和实物遗存两方面尚没有切实无疑的证据，在此之前的更不可信，对于中唐的推断则有两方面的可靠支撑材料。在《古籍版本学》一书中，黄永年对于雕版印刷最早年份判断的文献依据是晚唐人元稹《白氏长庆集》，其序言所写年份为 825 年，实物依据为现藏于大英图书馆的《无垢净光大陀罗尼经》（图 3.2），卷尾年份为 868 年。初期的雕版印刷术首先应用于民间，这些早期的雕版印刷品多为日历、字书、佛教用品以及其他类似物品，正式的经史子集等经典和社会上层都没有使用。

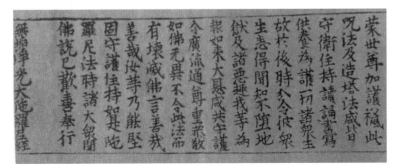

图 3.2　《无垢净光大陀罗尼经》

从现有文字记载看，唐是雕版印刷的早期阶段，应用于社会分层相对较低的民间，五代时期随着技术的相对发展，开始扩展，转入正统书籍印刷。佛教是印刷发展的直接诱因。佛教相对于道教等中国本土宗教，自东汉进入中国后，经过魏晋南北朝的推广期，从隋开始进入鼎盛时期，隋唐帝王崇信佛教，以官方力量推广佛教。佛教本身将推广与宗教信仰结合起来，倡导大批量抄经，印刷就成为最便捷有效的方式。已发现的唐代雕版印刷品为历书、宗教用品、占梦相宅等用品，需求比较强烈而稳定。个别被印刷的诗歌也是为大众所普遍喜好的零星语句，知识群体、社会上层所需要的经史子集、完整诗文集都没有采用雕版。晚唐时的相关记录大量出现，《册府元龟·卷一六零》："大和九年（835）十二月丁丑，东川节度使冯宿奏，准敕，禁断印历日版。剑南两川及淮南道皆以版印历日于市，每岁司天台未奏颁下新历，其印历已满天下，有乖敬授之道，故命禁之。"《大正大藏经·宗叡新书写清末法门等目录》："西川印子《唐韵》一部五卷同印子《玉篇》一部三十卷。"南宋《爱日斋丛抄》四库辑本卷一中引唐人柳玭《柳氏家训》序："中和三年（883）癸卯夏，銮舆在蜀之三年也，余为中书舍人，旬休，阅书于重城之东南，其书多阴阳杂说、占梦相宅、九宫五纬之流，又有字书小学，率雕版，印纸尽染，不可尽晓。"《册府元龟·卷六零八》载后唐明宗长兴三年（932）宰相冯道、李愚奏请由官方雕刻科举需要的儒家经典："尝见吴、蜀之人，鬻印版文字，色类绝多，终不及经典，如经典校定，雕摹流行，深益于文教矣。"因唐以来科举注重诗文，所以服务于科举的诗集、总集被刊刻流传。贯休诗集《禅月集》中由门人昙域 924 年所作后序中有："寻检稿草，及暗记忆者约一千首，乃雕刻版部，题号《禅月集》。"《宋史·毋守素传》中写后蜀时曾任宰相的毋昭裔："性好藏书，在成都令门人勾中正、孙逢吉书《文选》《初学记》《白氏六帖》镂板。"《文选》为总集，《初学记》和《白氏六帖事类集》是类书，是为便于写作诗赋骈文而编写的。从这些记录可以看出，经唐至五代时，在不到一个世纪的时间里，雕版印刷的便利性特点使其迅速传播，从民间向官方扩散。

从存世品来看，唐、五代时期均没有正统书籍，所能看到的都是零星的印刷品。唐代印刷品有 1944 年成都望江楼唐墓发现，现藏于四川省博物馆，只有一页的《无垢净光大陀罗尼经咒》。版框外印有"成都府成都县龙池坊□□□□□近卞□□□印卖咒本"一行，框内中央部位刻印小佛像，四周刻印梵文经咒。此外，也还有唐墓出土此类梵文经咒，没有汉字。敦煌藏经洞的《金刚般若波罗蜜经》为唐代保存最好的印刷品，发现于敦煌的两个历日印本残片，题写时间为 882 年的开端处刻有"剑南西川成都府樊赏家历"（图3.3）。

因为该时期是从写本向印本转化的时段，因此，这一时期的印刷品或者是单页，更多是沿袭写本时期装帧方式的连缀为卷子，或许会有旋风装，蝴蝶装等形式存疑。这两种装帧方式都适合于单页或较少页数，无论是携带还是阅读都比较便捷。页码很多的书页就必然不再适合于这些方式，后世常见的翻页图书装帧才会流行起来。因此，从装帧角度来看也可以看出此时的印刷虽然数量较多，但单件作品的页码不多，意味着印刷尚处于发展的初期阶段。

图 3.3　成都府樊赏家历残页　唐僖宗中和二年（882）刻本

第二节　唐代印刷设计

唐代无论南北方都有刻书活动。从文献与实物看，成都一带是唐代刻书活动最为兴盛的地区，长安、洛阳、扬州、越州和敦煌也都有印刷活动。此时的刻印系统主要分作佛教寺院和民间坊刻两类。

唐代佛教具有崇高地位，拥有以土地和庄园为代表的财源，能够雇用大量工匠雕印佛经。玄奘"印普贤像，施于四众"，"每岁五驮无余"，就体现出当时佛教对于印刷的应用。

由于是宗教传播和世俗日用，因此，唐代的印刷规模已经非常庞大。民间坊刻如"成都府樊家""上都东市大刁家""成都府成都县龙池坊卞家"等。此外，私家刻书也出现了，如唐晚期时江南西道观察史纥干臮"雕印数千本，以寄中朝及四海精心烧炼之者"。唐长庆年间，江南的"扬越间"所刻印的元稹、白居易诗文"处处皆是"，唐大和年间，中央政府尚未颁发新历，民间所刻印的反倒"印历已满天下"。除佛教宣传品外，还有历书、诗文集、道家著作、字书、韵书、阴阳杂记、占梦、子书、韵书、纸牌、纳税凭据、儿童启蒙读物、相宅，如此等等，非常繁多，此外，还有叶子格（纸牌）、印纸（纳税凭据），以及报纸，如唐玄宗开元年间的《开元杂报》被认为是世界上第一份印刷的报纸。

唐代印刷有雕版和针孔漏版两种。唐代一般的书籍、历书均为雕版印刷，作为布料染色技法，春秋时期就有刺孔漏版印制的布，敦煌藏经洞有缣帛质地的漏印品，也有纸版刺孔漏印制佛教图像，有的是在墙壁上漏印。从此可以看出，漏印这种技法在当时应用于多种材质，从一种布帛印制技法转移到纸张的印刷。

虽然印刷已经泛滥于当时的社会日常，但尚没有发现儒家经典和正统史书的印刷，这显示出当时社会正统尚没有认可印刷。明邵经邦在《弘简录》中记录唐太宗曾下令刊行《女则》，但并无其他佐证，除此之外，唐代未见官方刻书。

唐代刻印图书多有边栏界行，通行的装帧形式是卷轴装，对于插图采用的是卷首扉画的形式，单张经咒多用回文的形式刻印。卷首扉画的插图编排方式影响非常久远，直到 20 世纪时，虽然很多插图采用了卷中插附的方式，但是在正文前有一到数张插图的形式一直很常见。先图后文体现出图像相对于文字的重要作用，可以满足人们对于形象信息的迅速获取的要求，要获知更多与图像相关的内容可以阅读图像之后的文字。这种方式也奠定了一种叙述模式：在整个书籍中，尤其是后来出现绣像这种插图形式之后，故事内容的时间段势必不会延续很久，人物的形象是不变的。扉页插图中是人物形象，其中有对人物的整体描述，人物在故事中只是根据不同情节产生相应的应对，人物自身是缺乏变化的，人物性格也是不变的，看不到人物的成长和演变。所以，这样的插图编排方式与文字表述中先总括人物，然后展开剧情的方式是一致的。

唐代印刷品留存以敦煌藏经洞为最，大量各类印刷品展现了唐代印刷的特色，在其他遗存为数不多的境况下，敦煌藏品成为考察唐代印刷的重要依据。敦煌石室所藏的书籍涉及了许多领域，绝大部分是手写的，部分是印刷品，各类文献共约五千余种，宗教文书约占百分之九十。敦煌藏经洞位于第 17 窟，是在 11 世纪初叶时由当地僧侣将佛经、佛画、法器、宗教文书、社会文书等密藏在窟中，然后砌墙封存。

雕版印刷于唐懿宗咸通九年（868）的《金刚波若波罗蜜经》由 6 个印张粘连而成，长约 5.3 米。卷首是"祇树给孤独园"图画，为佛祖

在祇园为须菩提长老说法的故事，其余部分均为经文文字，卷末题写
"咸通九年四月十五日王玠为二亲敬造普施"。文字字体为楷书，篆
刻刀法流畅，印刷墨色清晰纯正。

《一切如来尊胜佛顶陀罗尼经》（图 3.4），刻印于唐代中期，有
边框和行格，字体为写经体，是现存最早的有边框、行线的印刷品。这
种印刷方式继承的是写本佛经的特征，也影响了宋代。

《佛说观世音经》（图 3.5），卷轴装，经文首尾完整，刻印
精细。

图 3.4　《一切如来尊胜佛顶陀罗尼经》唐　　　图 3.5　卷轴装《佛说观世
　　　　　中期　　　　　　　　　　　　　　　　　　　音经》唐中后期

《梵文陀罗尼经咒》这部经咒的纸张是麻纸，应该是唐初印本。
印本表面由三个部分的图文布局构成，正中是方形空白，长 4 厘米，
宽 7 厘米，右上方墨书"吴德口福"四字，是唐初十分流行的王羲之
行草，竖行排版。环绕方框四周的是经咒印文，四边环绕三重双线边
栏，内外边栏间距 3 厘米，中间是莲花、手印、星座、花蕾及法器等图
案。该印本是装在铜臂钏中，显然与佛教修行行为有关。

《汉文陀罗尼经咒》（图 3.6），印本为长方形，一边 35 厘米，破损，印本内容分为三部分，人物绘像位于中心长方形框内，四周环绕经咒，再外的四周是各种类型的手印。正中的方框长 53 厘米，宽 46 厘米，框内两个人，一人跪着、一人站立，画像 淡墨勾描，中间彩色填充，人像右侧题写"佛□□□□得大自

图 3.6　《汉文陀罗尼经咒》

在陀罗尼经咒"。方框外四周是用墨线间隔的竖排经咒文，咒文外是 29 厘米的双线边栏，边栏外是一周佛说印契，栏边各有 12 种手印。

　　成都市东门外望江楼附近唐墓出土的《陀罗尼经咒》为梵文围绕中间菩萨图像回旋书写的梵文经文。该经出土时放在墓中人臂部的银镯内，保存较好。咒纸为方形，长约 31 厘米，宽约 34 厘米。纸面分为三部分，中央为一小方栏，为一菩萨坐于莲座上，六臂手中各执法器。栏外围绕的是 17 圈梵文经咒。咒文外又有双栏，拐角处各有一个倾斜的菩萨像，每条边上又各有三个菩萨像，菩萨之间是佛教供品。经咒边上刻有一列汉字标注卖家信息"成都府成都县龙池坊卞家印卖咒本"。

　　历书是百姓日用的重要工具书，需求量很大但它又与政权对历法的解读直接相关，所以一方面政府禁止私刻历书，另一方面民间出于牟利的需要又大量翻刻。这些历书的时间段是一年，购买后也就要

在一年间张贴，以备随时观看。单页形式显然是最便于查看和前后时间对比的，单页在携带和存储时卷成筒状便捷、易于保护，也减少了空间占用。敦煌藏经洞发现三件唐代印本历书，标注唐僖宗乾符四年（877）的历书残片为现存最早印本历书。历书为卷轴装，所以展开后的形状是长方形，框高 24.8 厘米，长 96 厘米，四周有双边栏线，图文并存。其内容与后世历书基本相同，分上下两部分，上部为历法，下部为历注，除日期、节气、大小月外，还印有阴阳五行、吉凶禁忌等信息；唐僖宗中和二年残本，相对于前述历书的珍贵之处是历书上保留了"剑南西川成都府樊赏家历"；单页的佛教发愿文，每页分为上下两截，上半部分是供养佛像，下半部分是发愿文；根据印本抄录的写本，如《新集备急灸经》写本中有"京中李家于东市印"，《金刚经》残卷中有"西川过家真印本"等字样证明其印本的来源。牌记最初是为了便于读者的识别，但所包含的内容逐渐增多，形成一种类似于版权记录的形式，有的还包含着广告内容。牌记一般刻在书的首尾或序、目录的后面。图文结合，文字长短不定，是一种重要的广告形式。牌记被用于广告时的作用包括声明版权和广告宣传，强调自家刻本内容独特，发布征稿启事，标明书坊名号，宣示版权等。明代牌记的数量不一，有一本书一个牌记的，也有两个或多个牌记的。

唐代时，已出现牌记的迹象。敦煌变文《韩擒虎话本》在卷末题有"画本既终，并无抄略"一语。唐至德年间卞家印本《陀罗尼经咒》首行为"唐成都府成都县龙池坊卞家印卖咒本"，唐咸通年间的长安李家刻本《新集备急灸经》书前有"京中李家于东市印"等，这些牌记标明刻书或书坊地点、名号，标明版权的同时，也是在做广告。宋代牌记相对唐代文字、内容增多，一般是一句话，说明刻书时间、地点、刻书的堂号。

第三节　五代时期印刷设计

　　唐之后的五十多年是分裂割据的动乱年代，北方地区先后出现了梁唐晋汉周五个朝代，南方地区加上北方的北汉政权，次第出现十个地方割据势力，是为五代十国。各个政权之间互有攻伐，政权内部则保持着相对的平静，这为印刷在唐代基础上的继续发展提供了有利的条件，出现了唐代所没有出现的新现象，比如政府官方对印刷术的应用，国子监监刻儒家经典。五代时期的印刷在地域和印刷数量上大大超过唐代，私人印书兴起，四川成都、福建和浙江杭州初步形成了印刷的中心，这又成为宋代印刷大发展的基础。

　　五代的刻印区域比唐代更为广泛，在唐代基础上另有开封、江宁（南京）和杭州一带，形成川、闽、浙印刷基地，为宋代的发展奠定基础。五代时的混乱虽然会对印刷产生负面作用，但是每个割据政权的政治中心都需要加强宣传，这又是印刷发展的有利条件，每个政权都有不同的喜好，成为塑造不同地域特色的契机。五代雕版印刷的品种较多，子、史、集都有刻印。佛教用品依然兴盛，主要以经咒、佛像为主。后唐冯道主持，由国子监刻印了"九经"等儒家经典，此外，还有《五经文字》《九经字样》《经典释文》等书。这是由中央政府主持的刻印行为，可谓"官刻"。印本由此获得了官方的认可，其地位得到了提升。吴越王钱俶刻印了大量的经咒，后晋曹元忠曾雇工匠刻印了大批佛教画像。他刻印的《观音菩萨像》上图下文，后面题写"于时大晋开运四年丁未岁七月十五日记。匠人雷延美。"首次记载了刻印者姓名。后蜀宰相毋昭裔自己出资刻印《文选》《初学记》《白氏六帖》等，被认为古代"家刻"之始。五代印刷品实物多发现于敦煌，为佛教

画像和韵书。这包括归义军节度使曹
元忠所出资刻印的《金刚经》，947
年出资刻印的《大圣毗沙门天王像》
和《大慈大悲救苦观世音菩萨像》，
另有归义军节度使押衙杨洞芊刻印的
《大圣普贤菩萨像》，无名氏刻印的
《大圣文殊师利菩萨像》（图 3.7）、
《圣观自在菩萨像》和《阿罗尼像》
等。此外，还有一些《切韵》《唐韵》
的刻本残片。这些画像的下部印有题
记文字，《观世音菩萨像》还有刻印
人姓名。

图 3.7　《大圣文殊师利菩萨
像》五代

吴越国地处江南地区，经济发展迅速，国家富庶，统治者大量建
造寺院、佛塔，印制了很多佛经，展现了此地印刷的特色。1917 年，浙
江湖州天宁寺发现一件印刷品《一切如来心秘密全身舍利宝箧印陀罗
尼经》（图 3.8），卷首刻"天下都兵马大元帅吴越国钱弘俶印《宝箧
印经》八万四千卷在宝塔内供养显德三年丙辰岁记"，后有插图和佛
经经文。1924 年发现于杭州雷峰塔砖孔的多件《宝箧印经》右首刻印
"天下兵马大元帅吴越国钱弘俶造此经八万四千卷，舍入西关塔砖，

图 3.8　《一切如来心秘密全身舍利宝箧印陀罗尼经》　吴越王钱弘俶刻本

永充供养，乙亥八月日记"，随后是插图，然后是佛经文字。1971 年于浙江绍兴涂金舍利塔中发现一件《宝箧印陀罗尼经》，置于 10 厘米长的竹筒内，也是该时期印本。图文格式与雷峰塔佛经相同，卷首写"吴越国钱弘俶敬造《宝箧印经》八万四千卷永充供养时乙丑岁记"。

这三件佛经的图文设置方式与藏经洞的唐代印品相同，体现了二者的延续性，但刻制印刷显然不如藏经洞的《金刚经》，显然这并不能代表当时吴越国的印刷水平。从页首题记看，这些印品的数量极大，散布的范围应该极广，其接受对象应该主要是普通民众，所以不如唐代精品也情有可原。

从现在所发现的实物看，相对于唐朝，五代时出现了单幅图像而没有经文的样式。这种独幅样式的出现使得后世在独幅图像上发展更多印刷技术，得以接近真实的画像。但五代时期的图像，不管是图文结合的还是独幅图像在刻制上都略显粗糙，用线功力不足。

日本所藏北宋初期印刷的《尔雅》（图 3.9）可能是对五代本的翻刻，所以虽然是宋朝刻本，可以作为考察五代印刷品的依据。该书的版式与后世书籍样式相同，书中有"将仕郎守国子四门博士臣李鹗书"。李鹗是五代监本《九经》的写版者，所以推测该书或许是用的五代本翻刻。这样，该书的蝴蝶装装帧方式有可能就是五代时的样式。

图 3.9 北宋国子监翻刻五代监本
《尔雅》蝴蝶装

第四节　笺纸与印刷

笺作为书信、契约等专门用途的纸，很早便已注意详加装饰，格外用心制作，成为名贵的纸，在技术应用上表现出实验性和先锋性。东晋王羲之喜用紫色笺纸，桓玄的"桃花笺"有绿、红、青等色。唐代时，花色更多，谢师厚有"十色笺"，薛涛笺为深红色的小笺纸。"十色笺"是在染色后将纸放在方版上压，形成隐起的图案，五代姚顗子侄所造的"五色笺"也有诸多图案。"水纹纸"和"云石纹纸"是在造纸过程中通过工艺实现本色花纹，与后世在纸制作完成后再加工的方式不同。显然，这些有着花纹、肌理效果的纸有可能启发了后人创制"拱花"工艺。

"笺"的意思有几种，分别是注释、用以题写的小幅华贵纸张、书信和文体名，如书札或奏记等。在此，主要从笺作为一种特殊纸张来分析。笺不管是用于题写，还是写作书札、奏记，都表明这种纸不是用于批量化无差别复制的纸，而是需要特别注意，格外用心的个性化书写材料。批量化自有其艺术性在内，个性化往往意味着更多的才思赋予，尤其是在被当作信笺、诗词笺这种展现作者个人思想的载体时更是如此。由此，笺成为一种文人雅物和文房清供。作为文人雅物，很多古人自己亲自制作笺纸，上面有表明主人身份、品味的图案或文字，比如主人书房的名号。

南北朝时期，笺纸文化的形成，到唐代中晚期时，蔚然成风，与当时逐渐成熟的印刷相结合，发展成为一种集诗、书、画、印于一体的综合性艺术品。著名的"薛涛笺"据《唐音要生》记载："诗笺始薛涛，涛好制小诗，惜纸长剩，命匠狭小之，时谓便，因行用。其笺染演作十色。故诗家有十样变笺之语。"薛涛笺纸的多种颜色可能是用多块版以单色印刷的方式印出来的。当时还有如雁头笺、鱼子笺、锦笺、冷金笺等有名笺纸。四川地区的"鱼子笺"在印刷时不用墨,而是以阴阳雕版对压形成纹饰,这其实也就是一种原始的"拱花"技法。

第四章

宋代印刷设计

第一节 宋代印刷概况

　　北宋九朝一百六十八年，南宋九朝一百五十三年，两宋以 1127年的"靖康之变"为划分。对于这两个时期的印刷设计，由于北宋刻本可见的较少，且多为北宋末年刻本，与南宋初年刻本并无不同。从现有遗存看，两宋三百年间，不同时代之间的变化较小，地域差别则较大。这意味着印刷相对而言依然处于尚不发达的阶段，虽然是在统一的政治区域内，但各个区域之间独立发展，相互影响不足，印刷的水平如何取决于本地区的积累。尽管如此，在各地域都存在官刻、家刻和坊刻。由于宋代大举科举取士，这使得图书在佛教之外得到发展新契机，商品经济的发展也导致了民间通俗读物的兴盛。

　　北宋时期形成了开封、杭州、成都、建阳、江西等几个印刷集中的区域，北方的金统治区内山西临汾金时为平水县，形成了北方的印刷中心，此地的印本称作"平水本"。

　　北宋印刷继承五代传统，以官刻为主，官刻中以国子监的监本为主。监本多数在杭州刻完后送回开封印行。监本主要是儒家经典、官修史书，另有子书、医书、算书、《文选》和《册府元龟》《太平御览》《太平广记》《文苑英华》四书。南宋时因东京国子监书版被掳而由杭州的国子监覆刻了北宋监本的经注和单疏。

　　虽然五代时期印刷已有了长足发展，但到北宋初期时，雕版印刷依然远未普及，常见史书全靠手抄，官私藏书也多为手抄。为此，官方设立专门抄书的机构"补写所"，大量抄书。苏轼《东坡全集·李氏山房藏书记》中"余犹及见老儒先生，自言其少时欲求《史记》《汉书》而不可得，幸而得之，皆手自书，日夜诵读，唯恐不及。近岁，市人转相摹刻诸子百家之书，日转万纸。学者之于书，多且易致如此。其文词学术，当倍蓰于昔人，而后生科举之士，皆束书不观，游谈无根，此又何也？"[①]"忠献公少年家贫，学书无纸。庄门前有大石，就上学书，至晚洗去，遇烈日及小雨，即张敝伞以自蔽。时世间印板书绝少，多是手写文字。每借人书，多得脱落旧书，必即录甚详，以备检阅，盖难再假借故也。"[②]苏轼生于 1037 年，家乡正是印刷发达的眉山，他所说的老儒自述幼时当在 1000 年左右，韩琦生于 1008 年，时间与苏轼所说老儒相差不多。也就是说，在北宋开国后四五十年间，印刷依然远未普及，抄书极为普遍，但几十年后，苏轼时期已经是"日转万纸"的批量化印刷了。尽管如此，北宋图书到南宋时大量亡佚，就因为为数众多的图书依然是抄本而不是批量复印的雕版书，但入南宋后几十年间，常见书的雕印则已非常普及了。可见北宋相对于五代时期印刷又有了很大的发展，为南宋的兴盛打下了良好基础。

北宋国子监为中央刻书主要单位，被称作"监本"，"靖康之变"使国子监版被金掳掠走，南宋时作为中央政府刻书的国子监衰微，所谓的南宋监本大都是下发各州郡所刊刻。

南宋监本以外的官刻本也很多，浙本及浙本系统刻本中有家刻，

① 曹之著：《中国印刷术的起源（第二版）》，武汉：武汉大学出版社，2015 年，第 414 页。
② 曹之著：《中国印刷术的起源（第二版）》，武汉：武汉大学出版社，2015 年，第 415 页。

但数量不如官刻，坊刻数量不如官刻，比家刻多。

　　福建经济文化的迅速发展使得福建的刻书行业发达，从而形成了"建本"。北宋建阳坊刻本没有流传，传世的都是南宋所刻。浙本中尤其是官刻，传统意识浓，较少花样，建阳坊刻为吸引顾客，在形式上丰富，内容上也有很多改变，如将经、注、疏合刻，书前附加插图，为提升可信度加"监本"字样。建阳坊刻（图 4.1）限于水平在校勘上不足，于是用刻写上的精致提升接受度。

　　唐、五代以后，成都成为与杭州地位相同的全国雕版印刷中心，后来转移到眉州的眉山，一般所说的蜀本指的是眉州刻本。或许受兵乱及自身发展状况所限，蜀本存世数量在浙本和建本之后。现存蜀本分为大字、小字两种版式，大字有九行本史书，小字本为十一行，也有十二行本，其中唐人别集数量较多，多为坊刻和家刻。

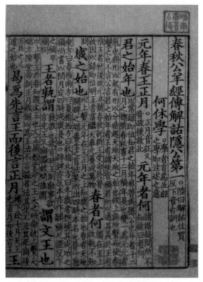

图 4.1　《春秋公羊经传解诂》　宋绍熙二年　余仁仲万卷堂刻本

第二节　宋代书籍印刷设计

　　宋代纸、墨制造技艺更为精良，雕版技术达到很高水平，书籍质量达到了历史高峰。宋代书籍的版式基本定型，并趋于规范化。版心、版框和界行线等组成了古代版式风格。宋版书主要是欧、柳、颜等名家字体，同时也出现了横平竖直、横轻竖重的印刷字体，即宋体前身。在装帧方式上，除经折装外，开创出了册页蝴蝶装和包背装等新的装帧形式。

　　以国子监为代表的宋代官刻是民间刻书的范本，底本精良、校勘审慎，刊刻精细，因此质量非常高。

图 4.2　《礼记》　宋淳熙四年抚州公使库刻本

　　入南宋后，地方政府刻书迅速发展，各级地方机构都有刻书。宋代的"公使库刻书"（图 4.2）是宋代历史上特有的现象，刻印、校勘都很用心，也是官刻中的良品。公使库为宋代招待来往官吏的机构，相当于一般所熟悉的馆驿。为解决经费困难，不得不通过各种经营活动谋利，刻书是其中之一。各级学校中很多刻书，也是宋代刻书的一个构成。

　　民间刻书包括家刻、坊刻以及传统的宗教刻书。家刻（图 4.3—4.7）包括刻印个人著作、家藏书籍和私塾子弟学习用书。坊刻刻印是为谋利，与宗教刻印都是在印刷早期就已经盛行的方式，宋代坊刻依然是刻印消费量大、应用性强的书籍，成本低、价格也低，刻印水平因各地、各坊而不一。

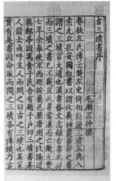

图 4.3 《汉书》 宋嘉定
十七年（1224）白鹭洲书
院刻本

图 4.4 《古三坟书》
宋绍兴十七年（1147）
婺州州学刻本

图 4.5 《李太白文集》
宋成都刻本

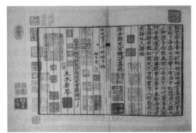

图 4.6 《文苑英华》 宋嘉泰元年
至四年（1201—1204）周必大刻本

图 4.7 《李太白文集》 宋成都
刻本

一、字体

北宋早期缺乏实物，北宋末年及南宋，杭州刻书的字体为欧体。
在书法界，欧体在欧阳询之后被书法家舍弃，褚遂良的字体引领一时，
盛唐后颜真卿的颜体占据优势，宋代书法家许多人受颜体影响，但被
称作"经生"的抄书人落后于书法界潮流。直接原因是欧体笔画整
齐，刻工在刻写时相对省力。浙本官刻、家刻和早期坊刻也都是类似

字体。江苏、安徽、江西、湖北、湖南、广东等地的字体在欧体中还带有颜体特征，其原因可能是受"建本"影响。除此之外，在一些版中有行、篆等字体，但这些就是少数了。一般刻本中的文字都是端庄、规范的各式楷体字。

北宋建本不见传世，南宋建阳坊刻本都用颜体。颜体在当时最流行，字体结构方正，点划分明，便于刻工用刀。建本所用颜体字得自《多宝塔碑》，但也有分期，前期较瘦劲，横竖一样粗细，与欧体有些相似，中期以后，大字变为横细竖粗，小字仍然横竖一样粗细，区别于浙本。大小字体不同，也显得相对醒目。

蜀本大字本基本是颜体骨架掺入柳体因素，所以不同于建本的横细直粗，撇捺长而尖利，小注也是如此。小字本撇捺不太尖利，点划古拙。

现存辽刻本发现于山西应县，为发现于佛像中的佛经、画像等。字体为欧体但水平不如浙本，可能是学自北宋浙本，有卷轴和蝴蝶装。

山西临汾的金朝平水本现存较少，基本为坊刻，字体与宋浙本相同，为欧体。白口、黑鱼尾，单双都有，左右双边和四周双边都有，字较密集，书名、卷次、页次位置与宋本相同。现存金本都没有序跋题识，也没有牌记。

二、版式及装帧设计

中国传统雕版印刷的书籍设计模式到宋代基本定型。版面边框、正文行格线、版心的整体样式已固定，虽然这些形式可能直接与写本时代相延续，但相对于后世印刷已经是典型范式。每页的行数相对固定，版心是便于装订的鱼尾，只是此时装帧上还是蝴蝶装式的版心在内样式，书籍的版权、广告有了更为明确的处理样式。

浙本及江苏、安徽、江西、湖北、湖南、广东等地的刻本多数为白口、单黑鱼尾，书名、卷次在上鱼尾下方，常用简称，上方有时记本页字数，下鱼尾处记页次，左右双边，无书耳，无牌记。

建本坊刻南宋前期与浙本相同，多白口，中期以后多细黑口，前期多左右双边，中期以后四周双边，多双黑鱼尾，书名卷次和浙本一样在上鱼尾下方，有时也记本页字数。下鱼尾下记页次，页次下再加黑横线，接上细黑口，不记刻工姓名，用书耳。官刻介于浙本与坊刻之间，或白口或细黑口，或左右双边或四周双边，或单黑鱼尾或双黑鱼尾，刻工姓名或有或无，无书耳。南宋前期多有刻书题识，中期以后多用牌记，序跋少见。官刻无牌记，间或有题识。

蜀本白口，单黑鱼尾，左右双边，书名、卷次、页次位置都与浙本相同，无书耳，记刻工姓名不如浙本多。序跋少见，现存除个别书外都没有牌记，不能获知刊刻时间及人物。

三、版权与广告设计

唐朝时，在雕版印刷书籍中就已经有各种广告形式的文本出现，到宋元时期，已经发展得丰富。宋代时书籍封面简素，一般为卷端题写书名，或在版心刻书名的简称，也有将印好的书名长签贴在书皮的左上方。牌记是全书中最为重要的版权与广告手段。牌记又称墨围、墨记、木记等，最初只是说明刊刻者、刊刻地点等信息，放置在卷首或卷尾，写本时代就有类似信息记录。南宋时期开始将这些文字用框线区别出来，是为墨围。从现存书籍资料看，最早出现牌记的都是在当时的印刷中心，显然牌记的出现与竞争相关，不同于写本时代的信息记录，此时牌记的版权特征更为明显。（图 4.8）由此，牌记的文字记录一方面强调自家的版权，另一方面突出自家信誉以广而告之。

图 4.8 "济南刘家功夫针铺"商标广告铜版
印成页

除牌记外，为了促进本坊书籍的销售，各种形式、方式的广告大量
出现，包括扉页、序跋、评点、题识、书名、书目、卷端、书口等，其视觉
形式是广告语和广告画。广告包括五个要素，即广告主、媒介、广告信
息、受众和效果。书坊主人就是广告主；由于是书籍的广告，所以书籍
本身是媒介；广告信息依据广告内容不同而相异；受众即为读者；广
告效果则不确定。牌记有着直接的广告作用，但其他范式也同样有此
功用。序、引、跋，在对出版内容进行说明的时候，如果引名人效应为
己用，请名人作序，也就有了广告的作用了。插图本是一种表现方式，
但因为插图的审美价值能够带来读者效应，所以插图也客观上成为
一种广告。评点类似于名人的序跋，也是利用名人促进销售的一种方
式，所以成为广告。征稿广告不是对本书的广告，而是对书坊的广告。

当然，宋代时上述方式并未全部出现，很多方式要到明代时才出现，这也意味着明代印刷的竞争要比宋代激烈得多。对于宋代时的广告方式，如宋官刻《资治通鉴》有"鄂州孟太师府三安抚位刊梓于鹄山书院"，坊刻《钜宋广韵》序后有"乙丑建宁府黄三八郎书铺印行"，家刻《三苏文粹》目录后有"婺州义乌青口吴宅桂堂刊行"。比较复杂的有佚名无年号记录的《东莱先生诗武库》目录前牌记为"今得吕氏家塾手抄武库一帙，用是为诗战之具，固可以扫千军而降劲敌，不欲秘藏，刻梓以淑诸天下，收书君子，伏幸详鉴。谨咨"。建安余氏庆元三年刻的《重修事物纪原集》的牌记写道，"此书系求到京本，将出处逐一比较，使无差缪，重新写作大板雕开，并无一字误落。时庆元丁巳之岁建安余氏刊。"

宋英宗治平年间（1064—1067）之前，国家曾发布刻书禁令，任何人不得私自刻书，刻书者必须向国子监申报登记，经严格审核后才可。治平之后，禁令有所放松，但事关时政、军机、国史、实录等依然不得雕印，国子监审定的"有益于学者，方许镂板"，宋仁宗熙宁年间以后才准许自由刻书。在这种情况下，便出现了版权问题，南宋时期，出现了目前最早的版权声明——牌记。南宋刻本《东都事略》中有"眉山程舍人宅刊行，已申上司，不许覆板"的牌记声明。四川刻本《太平御览》牌记："此集川蜀原未刊行，东南惟建宁所刊壹本，然期间舛误甚多，非特句读脱落。字画讹谬而意义往往有不通贯者，因以别本参考，并从经史及其他传记校正，凡三万字有奇。虽未能尽革其误，而所改正十已八九，庶便于观览焉。"[1]出现了大量自编自出的书籍出版方

---

① 曹之著：《中国印刷术的起源（第二版）》，武汉：武汉大学出版社，2015 年，第463 页。

式，长沙书坊自刻自卖《百家词》中，"自南唐二主词而下，皆长沙书坊所刻，号《百家词》。其前数十家皆名公之作，其末亦多有滥吹者。市人射利，欲富其部帙，不暇择也。"[①]宋代序跋广告数量不多，但已经在官、家、坊刻中都有表现。官刻中的题跋如宋绍熙三年（1192）两浙东路茶盐司所刻的《礼记正义》卷末有黄唐跋文，"《六经疏义》，自京、监、蜀本，皆省正文及注，又篇章散乱，览者病焉。本司旧刊《易》《书》《周礼》，正经、注、疏萃见一书，便于披绎，它经独缺。绍熙辛亥仲冬，唐备员司庾，遂取《毛诗》《礼记》疏义，如前三经编汇，精加雠正，用锓诸木，庶广前人之所未备。乃若《春秋》一经，顾力未暇，姑以贻同志云。壬子秋八月，三山黄唐谨识。"

家刻如洪遵乾通六年（1107）刻《洪氏集验方》卷末跋为，"右集验方五卷，皆予平生用之有著验或虽未及用而传闻之审者，刻之姑孰，与众共之，乾道庚寅十二月十日番阳洪遵书。"

坊刻建安余氏在《春秋公羊经传解诂》序后跋，"《公羊》《谷梁》二书，书肆苦无善本，谨以家藏监本及江浙诸处官本参校，颇加厘正，惟是陆氏释音字或与正文字不同，如……若此者众，皆不敢以臆见更定，姑两存之，以俟知者。绍熙辛亥季冬朔日，建安余仁仲敬书。"

牒文是官刻书中的广告文字。牒文为北宋官刻所发明，在雕印的书中附以牒文，既是对所刻书进行说明，也是一种公益广告。如雍熙三年（986）敕准国子监雕印徐铉等人新校订的《说文解字》，卷末有中书门下牒文，"书成上奏，克副朕心，宜遣雕镌，用广流布……仍令

① 曹之著：《中国印刷术的起源（第二版）》，武汉：武汉大学出版社，2015 年，第463 页。

国子监为印版，依《九经》书例，许人纳纸墨价钱收赎。"这样的文字实际上是以政府信誉对所刻印书籍的质量进行保证，提高书籍的可信度，自然是最好的广告。

四、插图印刷设计

插图包括书籍插图和画谱，书籍插图数量最大，图谱是宋代印刷的新样式。书籍插图又分为宗教插图、儒家典籍插图、传记故事类插图、科技类书籍插图（图 4.9、图 4.10）。相对于道教，佛教在宣传上声势很大，各类单像、群像佛画有利于佛教推广，因此大量印制出来，自印刷出现后就一直在充分发挥这种方式的特色。图谱包括艺术性的绘画图谱和与金石学相应的器物图谱。绘画图谱如南宋的《梅花喜神谱》诗画相配、图文并茂，格调雅致、艺术性很强，开后世画谱先河。虽然在技术上不如后世的套版、拱花，但依然素淡典雅，体现出宋代的艺术追求。《考古图》《宣和博古图》《棋经》等与农、工、医类插图虽同属科技类插图，但完全以物的形式展现，更为突出图像的客观性和真实性。

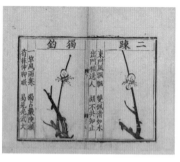

图 4.9 《梅花喜神谱》南宋 金华双桂堂刻印

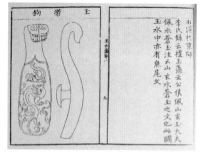

图 4.10 《考古图》之《古玉图谱》

第三节　套印及其应用

套印是将整个版面分成两个以上版面，每个版面分别针对不同区域或形式雕刻印刷，最终在纸面上印出两种以上颜色的多版印刷方式。套印不只是颜色的套印，也可能是线版与色版的结合。印染中的夹缬可能是套印的一个源头。夹缬是将两块雕镂之后的对称木板夹住布料，浸在燃料中染色的方法。宋代王谠在《唐语林》中记录一位女子采用雕镂木版的方法套印彩色花卉，只要将这一方法转移到纸上，便是套版印刷。北宋初年，四川民间流行的交子采用朱墨间错印刷的方法，应该就是一种双色套色印刷。宋徽宗时管理交子流通的机构"钱引务"曾用黑、蓝、红三色套印纸币。

一、纸币

纸币在宋代诞生，由于以往用于铸钱的铜比较匮乏，于是以铁铸钱，但铁钱笨重币值低，无法满足巨量货币交易，这是作为货币凭据的纸币出现的直接原因。此外，唐代的商业中已出现了飞钱等各种纸质凭据也启发交子的出现，但根本原因还是商业的发展。纸本身价值低，而且印刷很方便，但所代表的币值很高，因此纸币的首要风险是假币的出现。在政府打击造假外，印刷术的防伪是提升造假难度、保证纸币流通的首要要求。自纸币出现后，印刷术一直致力通过印刷设计提升防伪能力。

最早的纸币是北宋四川商户自行印制的"交子"，这时的交子其实类似于存款凭据，不具备货币功能。天圣元年（1023）政府将交子的印造、发行和收兑等业务收归政府，发行了官交子，这时的交子才是货币。当时，由于纸币容易破损等原因，政府对交子实施 "界"的制度，即每届三年，期满发行新纸币收回旧纸币。从天圣元年至大观元年（1107），共发行了 43 界。然后，同一年改发钱引，管理机构也由"交子务"改为"钱引务"。至南宋宝祐年间（1253－1258），共发行了 58 界。另有一种纸币是东南会子，简称会子（图4.11、图4.12），也实行界制度。从乾道五年（1169）到嘉熙四年（1240）共发行 18 界。

南宋的最后一种纸币是南宋末景定五年（1264）的金银见钱关子，简称关子。这四种纸币是宋代货币的主要形式，另外还有小钞、淮交、湖会等明目的纸币，影响仅限于地方。这些纸币有一贯、二贯、三贯的，也有二百文、三百文、五百文的，不同货币币值、票面不一，不同的票面与不同的纸币相组合，纸币约有上千种。

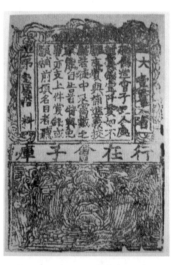

图 4.11　会子　南宋铜版印刷

图 4.12　南宋会子印版

虽然都采用界的制度，但每界的时间不一，短的两三年，长的十几年。从发行量上看，据不完全统计估计，约有十亿张。纸币的庞大数量意味着纸币印刷行业庞大，从业人员的数量众多。据《咸淳临安志》载，南宋绍定五年（1232）时，会子务"以都司官提领工匠凡二百四人"。景定四年（1263）时，"日增印会子一十五万贯"（《宋史·食货下三》）。从对纸币印版的研究中可以发现，宋代纸币普遍采用多色套印。多种颜色的货币固然是提升了视觉效果，但更在于提升防伪能力。会子在红、黑两色套印外，还采取加盖私押、官印和手写面值等方式，采用多种方式提升防伪能力。钱引、会子采用黑、红、蓝三色套印，采用分版套印的方式，从已发现的关子印版实物看，该印版达到十块。可以说，纸币对印刷技术的应用达到了当时的最全面、最高等级的水平。从币面设计看，这些纸币为提升防伪能力，普遍采用了较为复杂的图案形式。纸币印刷大量采用金属版，自宋元至明清均是如此做法。

从已发现的实物看，除宋代印制纸币外，金国发现了大量金属印版（图 4.13），辽、西夏则没有。除因尚未发现相应资料外，这或许是由于辽的时代尚早，北宋的影响尚未传播过去，西夏经济实力不足，商业发展不充分，没有这方面需求。

图 4.13　贞祐宝券五贯钞版

二、笺与印刷

宋代时，笺的种类更多，有布头笺、谢公笺、彤霞笺、青白笺、冷金笺等数十种。此时在笺纸的制作上就出现了拱花的技法应用，时人苏易简在《文房四谱》之《纸谱》中写道，"蜀人造十色笺，凡十幅为一榻然逐幅于方版之上研之，则隐起花木麟鸾，千状万态"[①]。

由笺的发展历程可以看到，作为一种精致的纸，笺应用了当时最先进的印刷技术。印刷术从出现到应用，从宗教、民间日常应用到社会上层广泛使用用了很长时间，但当社会上层，尤其是只是统治阶层认可了印刷之后，印刷的技术优势就被充分发挥出来。拱花的使用在宋代就已经在笺中使用，这种"隐起"的艺术特征与陶瓷、织物中的"暗花"其实是相同的。尤其是陶瓷中的暗花，采用素纹剔刻所形成的视觉效果、质感、触摸时的感觉都与拱花是一样的。从技术上说，陶瓷在中国古代是非常常见的器物，将瓷器上的效果转移到以另一种技术实现类似的效果，这不是难事。尤其是对于以素淡雅致为特色的宋代艺术来说，所以，从艺术的角度而言，素纹反映出的是一种共同的审美追求。拱花在宋代的广泛应用，有着审美上的内在契合。

三、活字印刷

活字印刷有着跨时代的意义，但这种方式的意义更在于后世，而不是当时，其技术价值超越了时代。活字印刷实际上相当于把本来作为整体出现的雕版分拆成了很多个构成单元，这与套版的原理是一样的。

---

① ［宋］苏易简：《文房四谱》之《纸谱》，重庆：重庆出版社，2010 年。

中国印刷设计史

雕版印刷在中国古代的绝大多数印刷品种占绝对优势地位，活字印刷并没有太广泛的应用，这与现代印刷有着非常大的区别。其原因，第一，雕版印刷是在一块完整的木板上雕刻，版面各个部分一次完成，而活字则产生了排版这个工序。在辨识印刷品是不是活字印刷时，辨识依据是活字版印刷所留下的痕迹，如排版痕迹、文字偏转等，这些使雕版印刷必然不会出现的。第二，不同于欧洲的表音字母，汉字数量非常庞大，所需要的字模数量庞大，找寻字模也很麻烦。而整块雕版一旦完工就没有任何后续工作。第三，古代出版物数量小，印刷实际上是经典印刷，刻印完成后可以频繁使用。此外，木、泥等活字单体要较雕版字体大，印制时用力较大所以纸张要厚一些，字面不平导致的印色有轻重，文字行距不容易保持平均，这些都是活字的不足。

当然，这些活字印刷的不足也是时代的限制，活字印刷和整块雕版所适用的是不同的文化传播方式。当需要印刷频繁变换的印刷内容时，活字印刷的优势才能体现出来，如早期报纸形式的邸报出现后，才能克服活字印刷方式的不足。正如采用抄写的方式只需纸笔，一人就可完成，雕版印刷则需要多人协作，相对于单人抄写要费工费力得多，但在大批量的抄写时，其效率就远落后于印刷。活字印刷相对于雕版也是如此，这三种不同的复制方式对应了三种不同的传播方式，自身并无优劣之分，只是看时代需要哪种方式。

尽管如此，活字印刷的优点也被看重，从对西夏地区所发现的印刷品看，活字印刷在当时仍然有着大量应用。除泥活字外，不被毕昇看好的木活字印本在西夏地区也有发现。

第四节　辽、西夏、金印刷设计

一、辽

　　辽（907—1125）、西夏（1038—1227）、金（1115—1234）与两宋并存，自身文化发展落后于中原地区，在攻略中原的同时也在积极吸取中原文化。由此，三国的审美往往比中原地区落后一个时代，如辽的文化特征很多与唐末、五代相近。

　　辽虽然有自己的契丹文字，但日常行文中仍以汉字为主。辽国的科举制度只针对汉人，这显然也就阻碍了本民族对汉文字的学习。从现有资料看，辽的印刷中心也就在汉人聚居区，涿州（范阳）、山西以北和北京地区。这些地区的印刷水平不比北宋差，除官方印刷外，寺院印刷同样很多。现存所发现的辽地印刷品很多都是各类佛经。在应县木塔中发现了数幅尺寸很大的彩色佛画，其中的《炽盛光佛降九曜星官房宿像》和《药师琉璃光佛说法图》先印黑色轮廓，再手工涂彩色，《南无释迦牟尼佛》用夹缬的方法染红色，再套印黄、蓝两色，然后手工描黑色轮廓线条。这些方法工序比较多，但也正好反映了印刷技术的不成熟，只能以复杂方法实现后世能简单实现的效果。前两者印制轮廓证明画师的造型水平较高，刻工也有着较高的传写技艺，这两项的技艺水平与黑白线刻印刷的书籍插图直接相关。

　　辽的书籍装帧方式主要是卷轴装和蝴蝶装，早期的多为卷轴装，中期卷轴装和册页装并存。在应县木塔中发现有写本的《大方广佛华严经疏序》《劝善文》合订册及《妙法莲华经》原本是卷轴装，后来反而被改装为经折装，这正反映了卷轴装向册页装的转变，而且这种转

中国印刷设计史

变意味着对更为方便的装帧方式的选择。

　　辽的卷轴装版式除常用的上下单边外，还常见在卷末经名与注释、跋之间以竖条间隔。四周以花边装饰的卷轴经卷只在辽有发现，这种装饰方式有着宗教的目的，也是一种新的版面装饰方法，与简单的单、双边线体现的是装帧思路的不同。

　　蝴蝶装作为册页装的一种，占据了除卷轴装外的很大比重。除一般常见的北宋方式版式外，也有一些辽地的独创。如蝴蝶装《燕台大悯忠寺诸杂赞》中版心中缝没有鱼尾，鱼尾被用在标题上方，起到装饰和区分的作用。蝴蝶装《蒙求》（图 4.14）的中缝留空很小，里面标写页码。还有的蝴蝶装书籍中缝不留空格，只有一条界线。

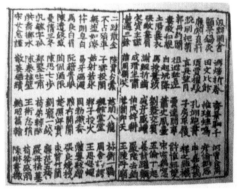

图 4.14　《蒙求》辽刻本　应县木塔刻本

　　山西应县木塔中发现三幅辽统和年间绢本彩印《南无释迦牟尼像》中的人物左右对称，文字则一正一反，应是折叠后以夹缬式方法印制出来的。从中，可以看出采用套版的早期形式，但不是套色。其实对于套色这种在同一张纸面上呈现多种颜色的视觉效果，写本时期就有双色或多色抄书、写书的现象。《隋书·经籍志》有东汉贾逵采用朱墨两色书写经文和传注的记录。所以，套版印刷发明初期就是模仿写本的样式，主要用朱、墨两色印刷不同类别的文字，后来发展出的多色套印也是对彩色绘画的再现。陕西博物馆在修复西安碑林《石台孝经》时所发现的三色彩印版画《东方朔偷桃》采用浓墨、浅绿、淡墨的色彩间隔，是彩色印刷品。其实，早期印刷的特点只在于批量复制，各种印刷技术的发明也不过是对手工书写、绘画的追摹，一直到拱花这种技术出现时，印刷才开始拥有手工不具备的特色。

二、西夏

西夏在西夏文出现后印本中，与汉字印本并为本国印本的主要文字。西夏印本（图4.15、图4.16）流传很少，现内蒙古自治区额济纳旗达来呼布镇的黑水城遗址中古塔内所发现的大批书籍成为考察西夏文化的重要依据。另有宁夏、甘肃地区考古发现的一些书籍资料，对于考察西夏文化提供了实物凭据。

西夏的印刷中心在宁夏的银川（兴庆府），设有"纸工院"和"刻字司"，分别有数名"头监"统管西夏的造纸印刷，民间及寺院印刷各

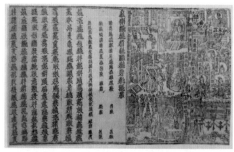

图 4.15　《大方广佛华严经》　西夏　活字经折装　　图 4.16　《观弥勒菩萨上生兜率天经》　西夏刻本

有发展。西夏的印刷主要是雕版印刷，中后期活字印刷发展起来，现有西夏印刷中许多就是活字印刷本。

西夏的活字印刷有木活字和泥活字，考古发现的活字印刷品有着明显的活字排版痕迹。活字印刷的格式一般都是仿照雕版，但是也有与活字相关发挥，比如在同一页面内汉字与西夏文字一起排版。这证明当时的人很快意识到新的排版方式所带来的不同，并将其应用到实际当中。活字印刷从设计角度而言，是对整个版面进行设计自由的提高，雕版只能一次设计完成，活字则是对每个版面构成都要重新组织。在这过程中，新的方式或许会带来各种不足，也带来了新的契机，排版与写字者、刻字者有着同等重要的地位，甚至更重要的地位，毕竟此时排版者对最终版面负责。

西夏的图像印刷大部分是佛教题材的，多数是插图，独幅或其他类型的较少。这些佛经插图多为经折装，少的占据两页，多的则要到五六页之多。

三、金

金的印刷在原辽、宋区域里已有的基础上继续发展。金占领开封后，北宋国子监、秘阁、三馆等政府书籍和书铺中的书都运到当时的中都（现北京），所收集的国子监、鸿胪寺等印版也都存放于金的国子监中。金的国子监、弘文苑负责刻印书籍，著作局、书画局、司天台等也有印书行为。金国道教盛行，因此，这里的道教典籍刻印很多。宋室南渡后，原开封的印刷工部分来到平阳（平水），此地成为黄河以北区域的印刷中心。直到元朝，平阳仍然是全国刻书中心之一。中都路（北京）、南京路（开封）、山西的解州和榆次、河北宁晋、陕西华阴也都有雕版印刷。

金国沿袭辽、宋金融体系，占据宋地后，将熟练的"交子"印制递转为本国的"交钞"等。因为纸币相对于金属货币更容易增发，没有掌握纸币金融本质的金在一种纸币丧失信誉后频繁变换名字印制其他纸币，所以也就发现了大量金的纸币印版。除纸币外，元光二年（1223）发行的元光重宝是在丝织物上印制的。在纸币防伪上，宋时采用的繁复图案、印成后加盖印章、套印序列字等方式。由于金直接承继北宋，所以该区域内的印刷基本等同于宋，发展不大。

图 4.17 《四美图》 金 黑水城出土 平阳姬家雕印

山西木版画是该地特色，所以金印刷品中各类图版为数众多。平阳姬家雕印的《四美图》（图 4.17）将历史上不同时代的四位美女刻印在同一个画面中，这种世俗题材图版，不同于之前的佛教图画，虽然技术上相同，但这显示的是世俗观念在印刷中的扩展。

第五章

元代印刷设计

第一节　元代印刷概况

　　元朝（1206—1368）统治时间较短，自成吉思汗建立大蒙古国至覆灭，经十四帝一百六十二年。元朝所刻书变化不大，与前朝相比无根本变化。元代印刷依然表现出地域的不同大于时代不同的特点。眉州经历了南宋末激烈战争，眉山刻书业遭彻底毁灭，杭州和建阳没有受朝代更迭因素影响，保留下来并有所发展。北方的水平保留下来，不仅坊刻多，并且成为官刻的中心。由于这种延续特征，在对地域区分时只加上朝代前缀，如元浙本。由于元的统治区域较大，因此，这一时期里印刷术向边疆地区扩展，新疆、西藏也有了印刷业的记载。元朝的官方刻印、民间坊刻、学校刻印（图 5.1、图5.2）和私人刻印都很活跃。

　　印刷技术方面如王祯所设计的轮转式排字盘适应于活字印刷寻找字模的特征，为推广活字印刷降低门槛。元朝作为统一王朝，兴儒办学，开科取士，为印刷发展提供了基础。元代戏曲的兴盛意味着俗文化的发展，印刷有了新的构成。它上承宋朝城市文化的发展，下启明朝小说的繁荣，开拓了印刷的局面。

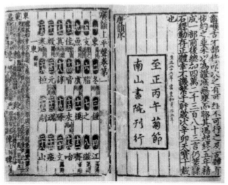
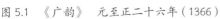

图 5.1　《广韵》　元至正二十六年（1366）
南山书院刻本

图 5.2　《文献通考》　元泰
定元年（1324）
杭州西湖书院刻本

第二节　书籍印刷设计

　　元朝官方刻书包括中央和地方两类，中央机构印刷需要报经中书省批准，地方印刷主要是学校、书院刻印。宋代大量印版被元直接使用，元初的多数印版都是宋版。元定都北京后，设立专门印刷机构，包括秘书监的兴文署、艺文监的广成局、太史院的印历局、太医院的广惠局、医学提举司等分别按照所负责的门类印刷相应书籍。因中央机构从事印刷的人数较少，且民间刻印水平高，一部分中央机构书籍是交由地方刻印。元代时杭州国子监改名为西湖书院，由于所藏书版有缺损，西湖书院重新进行了修补刊印。元宰相脱脱领衔所修的《宋史》《辽史》和《金史》由杭州刊刻，说明杭州的刻书水平为当时全国之首。在八大书院之外，各地政府开办学校，设立儒学，书院和学校有田产，可以用于刻印书籍。元代书院在印书时常联合刻印系列书籍，为统一风格，制造了一致的版式，从而能够刊刻大部头书籍。书院印刷最活跃的地方是浙江、江苏、江西、安徽等地，所刻的书数量多，质量高，与儒学共同构建地方印刷局面。

元代书籍整体继承宋代特色，最大的不同在于封面的改变。元代封面中心以大字题写书名，上部是书坊名，其余刻印制时间，有的在封面加附插图。

一、字体

元代刻本沿袭宋代以欧、颜、柳等名家字体为主，另外，元代书法家赵孟頫的字体也是重要组成。由于元帝虽有蒙名音译汉名，但无纯汉名，所以没有避讳。元版书中多用草体、简体字和异体字，其中行、草书多用于牌记，简体、异体字多见于坊刻，官刻、家刻和经史子集中较为少见。所以这些做法其实是与商业密切相关的。

元浙本刊刻多由当时有文化的官僚士大夫经手，表现在元浙本字体受赵体影响。有的字体在欧体基础上添加赵体因素，有的完全为赵体，有的有颜体特征。

元建本字体沿袭南宋，为颜体，而比南宋建本稍瘦而圆劲，直笔很粗，大字正文和小注之间的差别不如南宋明显。建本世俗性鲜明，更没有避讳的现象。

二、纹饰

元平水本比金平水本更接近颜体，但较挺拔，又区别于建本的圆劲，也没有避讳。

元版书的目录和书内篇名上常刻双鱼尾或花鱼尾，版心没有鱼尾，反而刻卷数、字数、页数、刻工姓名、书坊信息等。

元浙本承继南宋传统，多数白口，少数细黑口，单双黑鱼尾都有，上鱼尾上方有时记字数,下方记简称书名和卷次,下鱼尾上或相当位置记页次,是否左右双边无定规,记刻工姓名的比宋代要少,个别有书耳。

元建本都作黑口,作双鱼尾,有黑鱼尾和花鱼尾。书名、卷次、页码的位置与南宋建本相同,四周双边或左右双边,不记刻工姓名,有的有书耳。

鱼尾常用于元建本正文中次级标题的上面,鱼尾下加空心圆圈。这种做法在南宋个别书铺中有,且只有鱼尾。另外,还有模仿平水本将大标题作双行大字的做法,可见元建本在元代依然因商业因素保持着创新意识。

元平水本为白口、双黑鱼尾,四周双边,书名、卷次、页码位置与金平水本相同,有刻工姓名,有的有牌记。

三、版式

元初期刻本版式接近于宋本,字大行宽,多白口双边,中期以后本朝特点走向窄行格,字体变小变长,左右双边改为四周双边。

元浙本有时有序跋、题识,个别有牌记。

元建本序跋题识较少,牌记出现较多,花样比南宋丰富。此时有的书铺将牌记扩大至半页,此外还增加了其他说明性文字,成为明万历以后刻本中内封面的先声。

元浙本此时应多数为包背装,也会有蝴蝶装,但都已被改装,原样无存。

元代时出现了带插图的封面,最早的是至元三十一年(1294)建安书堂刻印的《新全相三国志平话》。至正十六年(1356)刘君佐翠岩精舍刻印的《广韵》一书的封面很有特色。封面中间以两行大字刻印"新刊足注明本广韵",书名上部阴刻横排的"校正无误"四字,最上是横排书坊名字"翠岩精舍"，书名左边为竖排"至正丙申仲夏绣梓印行"，右边为"五音四声切韵图谱详明"，左右对称。这个封面既有书名，又有出版者和出版时间，还对书籍内容进行介绍。封面充分发挥文字的信息传递作用，在有限的空间里采用多种方式对文字内容进行组合，仅用两个小圆圈做装饰，以文字的字体、字号作为装饰元素，有效地构成了版面。

四、版权与广告设计

元代刻本注重版权保护，这主要是表现在牌记中。牌记中标明刻印的堂号、刻印者姓名、刻版时间，有时刻印印刷声明，禁止翻刻、刷印、改编等行为。牌记的形式一般形式是四周单边或双边，如果是图案，多为钟、鼎、荷花等样式。

元代时牌记内容更为丰富，云坡刻本《类篇层澜文选》的书前牌记写道，"今将旧本所选古文重新增添，分为前、后、续、别四集，各十卷。前集类编赋诗韵诸杂著，以便初学者之诵习。后、别、续三集类编散文纪传等作，以资作文者之批阅。先后体制次序秩然，真视旧本大有径庭。幸鉴。"元刘氏翠岩精舍在《渔隐丛话》目录标题后有六一堂的刻书告白，"车书一家，文风鼎盛，经史诸集，焕然一新，至于诗家评话，刊行尤多。惟《渔隐丛话》是又集诗家之大成者，尚此阙焉。元来善本，已有舛误，况版经九十余年，讹脱尤甚。今本堂广求古今文集，补讹订舛，重新绣梓，庶可备牙签三万轴之储，锦囊三千首之助。高山流水，必有赏音。六一堂余白。"

从上述例子可以看出，随着时间的推移，人们已经越来越认识到牌记的广告作用。所以，从唐至元，牌记的文字越来越多，内容涵盖也越来越丰富，文辞从质朴无文地简单表述转而越来越以优美文辞婉转地表述，以情动人。

序跋是在书后对书版刻来源、底本情况、刻书缘起等内容进行介绍，撰者或为书坊主人，或延请名家题写。

元代题跋式广告内容少的数十字，多的上百字。建阳坊刻本《类编皇朝大事记讲义》二十四卷本的目录后的跋有语："吕府教授，旧游庠序，惯熟国史，因作监本资治鉴，摘其切于大纲者，分为门类，集为讲义，场屋中之用，如庖丁解牛，不劳余刃。昨已刊行，取信于天下学者有年矣。今来旧版漫灭，有妨披览，是用重加整顿，正其差舛，补其疏略，命工绣梓整然一新，视原本大有径庭，所谓愈出而愈奇者。"广告的意味很浓重。

五、民间印刷

元政府对民间印刷的政策比较开放，民间印刷很活跃，较为集中的地区是平阳、杭州、建宁三地，其他地区远至新疆、西藏地区都有印刷活动。元朝的坊刻书籍数量远大于官刻和家刻，平阳、建宁南北二地是当时最大的刻书中心，福建建宁府又以建阳和建安两县最为出名。

由于平水地处北方，在金时就是印刷中心，灭金后，在蒙古还没有改称元时刊刻的版本算是早期元本，很多政府书籍都是在这里刻印的。现存平水本都是坊刻，流传下来的现存书大多为家刻本。平水坊刻有很多有名的工坊在金时一直在刻印，金亡后这些坊刻居然依然沿用金年号。从这些刻本中可以看到，书籍中的各项元素非常齐备，牌记告别简单的墨围形制，而是将其转化为具象，如钟、琴、青铜器物等。这样的牌记既具有装饰意味，又因为选取的形式是为人所喜的雅物，增加了书籍的文化气息。

杭州作为南宋行在，代表的是全国最高水平，入元后虽然不如南宋时兴盛了，但依然以高质量的写、刻、雕为特色。此地既有技艺精湛的工匠，又有优质的纸张和印墨，全方位保证了印刷质量。元中央政府的大部头书籍都是交由杭州组织刻印。此地民间作坊占据印刷的主导地位，但工匠同时受雇于官府和民间作坊、私人，由此保证了工匠具有较高的技艺水平。

建宁地区的刻本以民间坊刻为主，这是该地区自宋以来形成的特色，杭州会经常替中央官府刻书，官府有时也委托建阳书坊刊刻图书，但无疑建宁印刷的商业特色非常明显。元代时，这里有书坊近四十多家，由于商业性强，往往出现粗制滥造的现象，"麻沙本"成为劣质书籍的代名词，但也有印制精良的。元建本多有牌记，名为某书堂、某堂、某书舍、某书院等，为书铺牌号，并非官方机构。有些元建本没有牌记，而又翻刻前代图书，要靠字体特征等带有时代因素的特征辨认。

元代书籍，尤其是商业书籍中，插图是一大特色。在这些书籍中，版式上一般是上图下文，图版占据整个版面的三分之一，每页都有插图，描绘的是该页故事情节。如插图本的平话《新刊全相平话武王伐纣书》，就是每页上方为与该页内容相对应的插图。这些插图的绘制水平并不高，但贵在数量多，画面丰富，是一种很好的书籍设计思路。

第三节　套印及其应用

一、书籍套印

元代时，图书印刷采用朱墨二色套印。（后）至元六年（1340），中兴路（今湖北江陵）资福寺刻印无闻和尚的《金刚经注》的时候，经文用红色，注用黑色，双色套印。当然，这种套印方法可能不是双版，而是单版，在不同部位刷色，一次印刷出来的。

套印本，现存最早的是元代湖北资福寺所刻无闻和尚《金刚般若波罗蜜经注解》，经文红色，注解黑色，卷首图画也是朱墨亮色套印。但这种方式也是从写本时代就有了。东汉贾逵就分别用朱墨二色区分经传，南北朝时陶弘景在修辑《本草》一书时将本经用红色，增辑用黑色。宋以后形成了正文大字、注解小字的做法，而没有套色做法。

评点是套印的重要应用方向。评点始于南宋，13、14 世纪时评点书籍越为广泛，从外部促进了套印的发展。为了对不同的文字内容进行区分，常见有用文字大小作区分的方式，有阴阳刻对比区分的方式，以符号对文字进行区分的方式，但这些都不如套印的对比鲜明。

二、纸币印刷

元代对于纸币的使用和管理在历史上少见，成为古代纸币应用的鼎盛时期。元是中国历史上第一次在全国范围内使用纸币作为流通货币的朝代，但元后期滥发纸币给全国经济造成破坏，所以后继的明、清不再使用这种方式。尽管如此，元为保证纸币流通，相对于宋、金，仍然建立起严密的制度保证流通和防止伪造。对此，除制度外，元也注重从纸币本身出发维护这一货币体系。

对比宋、金纸币，元的纸币纹饰更加繁缛，这也意味着元的印版和印墨要更好一些，如此才能保证币面清晰。元在全国各地设置交钞库和平准库掌管纸币发行和兑换，在哪一路发行换易便在纸币左上角斜捺印一个标明该路的长方形印记，为"合同印"，在纸币自身的防伪基础上进一步添加防伪步骤。

金国曾用绫印制钱币，元则在中统元年（1260）印行纸币的同时，用绫织造出大面值货币。

三、活字印刷

　　自毕昇发明活字印刷，宋元时期，人们不断用泥、木、锡进行实践。南宋周必大在潭州（今长沙）用胶泥铜版印个人专著《玉堂杂记》，元姚枢教学生杨谷用"沈氏活版"刷印《小学》《近思录》等书，其弟子杨古印活字版印小学书、《近思录》《东莱经史说》等书，浙江奉化知县马称德在至治二年（1322）刻木活字十万余字，印《大学衍义》等书。安徽旌德县尹王祯（图 5.3）耗时两年在大德二年（1298）制成全套木活字三万余个，印成《旌德县志》，后印自己的著作《农书》，并在其书后《活字印书法》一文详细记录了刻字、修字、取字、印字的整个步骤。

图 5.3　王祯发明转轮排字架

第六章

明代印刷设计

第一节　明代书籍印刷状况

明代（1368—1644）印刷设计根据不同时代的变化，划分为三个时期：洪武至正德时期、嘉靖至隆庆时期和万历至崇祯时期。这三个时期所占据的时间不同，第一个时期 153 年，第二个时期 50年，第三个时期 71 年。这三个时期的时间不一，但表现特征相对集中，所以表现出明显的时代性特征。

书籍是中国传统印刷中的主要门类，它所需要的印刷技术最丰富，对技术的探索和应用最充分，从传播角度来说，印刷数量最多，流传最为广泛。这些因素都使书籍成为考察明代印刷设计的主要对象。

明代书籍印刷具有三个特点：第一是体系完善，官、藩、家、坊，四种途径涵盖了社会的各个需求层次，从中央到地方，从官方到民间，都有着繁荣的印刷构成；第二是图书构成丰富，既有严肃的官方的经典，也有世俗的各类历书、小说、科技著作、少数民族书籍，以及各类宗教作品；第三是成熟的印刷技术所带来的五彩缤纷的出版物，彩色印刷相当成熟，使得各类图画书大批量涌现，文人、艺术家对出版的参与，大批技术精良的刻工保证了高标准追求的实现。

明代的大部分时段都处于社会安定的和平时期，社会经济在初期的恢复基础上不断发展，为经济、社会、文化和科技发展营造了良好的环境。开国几十年后，经济就呈现出了繁荣的景象，不仅在江南地区，南京、北京、广州、开封、武昌、济南、太原、平阳、重庆、成都等全国各地都有一大批成为商业和手工业中心的城市。

明代印刷在种类、数量、体系和地域分布等方面都大大超过了宋元时期，印刷技术和工艺也有着很大发展。宋元时期的大部分书籍，尤其是儒家经典，在明代都有翻版或重新雕印。明代时期，从中央到地方的各级政府都建有一定规模的印刷机构，民间印刷则遍及各地。宋元时所形成的以南京、杭州、福建为中心的分布，到明代时规模更为扩大，新出现了北京、徽州、苏州等印刷中心。在一些规模较大的作坊中，工匠和作坊主形成雇佣关系，形成了刻版、印刷、装帧的分工，自产自销的销售方式被生产与销售相分离的方式所代替，家庭印刷也出现了不同程度的分工。在宋元时期朱墨印刷和印后上色的基础上，明代的雕版、活字版和分版彩色印刷普遍应用，拱花创制，除木活字外，还有铜、锡等金属活字。徽派刻工的崛起直接推动了明代雕版技术的发展，形成了卓有特色的明代版刻艺术。

虽然明代提倡"程朱理学"，禁印过一些书，但总体而言采取较为开明的政策。各类传统的经典著作得以大量印刷，明代起随着市民文化兴起，繁荣的各类小说、戏曲成为适应一般读者需求的读物，这为印刷的发展，以及其中插图的兴盛提供了很好的基础条件。启蒙读物，如《三字经》《百家姓》《千字文》等遍及普通家庭，此外，农学、医学、哲学等各类著作都得以印行。

官刻、藩刻、家刻、坊刻是明代刻书的基本构成。

官刻，包括内府本、国子监本及其他中央机构刻本，地方官刻书帕本①。明最大印刷部门是国子监，国子监又分南北，称作南监、北监，除此之外，还有秘书监、都察院、钦天监、礼部、太医院等部门也从事印刷。京城从南京迁到北京后，司礼监成为宫廷最大的印书机构，所以，内府本往往被称作"经厂本"。国子监印书主要是供学生及官员阅读的经、史、子、集等，也有供初学者使用的启蒙读物。司礼监是明皇室的印刷出版主管机构，管理经书印版和印成的书籍，以及各种皇帝批准的书籍。内府本是皇家的刻本，直属于皇帝的仓库宫室，一般将它与经厂本等同，但要排除洪武朝。朱元璋极力限制太监，但朱棣在靖难过程中南京宦官逃入其军中，从而获得信任，太监权力得以放肆。内府本由司礼监刊刻，下属经厂库存储书版并印行。经厂刻本一般刻工精良，可以代表当时较高水平。各政府部门重点印刷与本部门相关的书籍，有些也往往超出了自己的业务范围。

朱棣迁都后，南京、北京各有国子监，但南监书版多数不是自己刊刻，而是接收元集庆路旧存书版，多为元杭州西湖书院书版，西湖书院又较多是南宋国子监旧版，元代所刻只有一部分。北监本存世也不多。

地方政府印刷的内容除翻印中央颁布的必读书籍外，也印制方志和与当地有关的书籍。政府主办的书院也进行印刷。其他官刻存世不多，一些存世的书帕本可能已经淘汰，刻印质量尚可。

藩刻的出现是因为明代藩王必须到藩地居住，许多爱好文化的藩王刻印的书籍。藩刻在明前期不多，嘉靖、万历时期最为兴盛。各藩王所刻印的书籍与其本人的兴趣爱好、个人素养有着极大关系，所以往往品种很多，门类庞杂，除经史子集外，还有律典、医书、宗教用书、

---

① 明代官员上任或奉旨归京，例以一书一帕相馈赠，当时称这种书为书帕本。明代书帕由于是官员互赠礼物，便由官方出资刊刻，少量家刻，收授双方都只把这些书作为一种雅俗，而不去看，所以只注重外表的装饰，刊刻水平差，不受人们重视。

琴谱、茶谱、法帖、地理、花卉、小说、传记等，有些书是藩府首次刻印。由于藩王刻印书在用料、刻工上用心，能够代表当地最高水平，在印刷史上是很珍贵的。

明初刻本延续元刻本风格，浙本成为遍及全国的通行样式，无论官刻、坊刻还是家刻，在字体、版式上都差别不大。"平水本"的名称消失意味着山西汾阳已经不再是全国意义上的中心之一，建阳坊刻则在其小范围内依然自成一体。

家刻和坊刻是相对于官方刻书的民间私刻。明初书坊主要集中在建阳、金陵、杭州、北京等地区，嘉靖后，湖州、歙州刻书发展迅速，万历、崇祯时刻工向南京、苏州一带移居，由此，这一区域的南京、苏州、常熟等地的书坊兴盛起来。明代民间印刷最发达、最集中的地区是江浙一带的江南地区，如南京、苏州、杭州、常州、扬州等，闽北建州府建阳县是印刷集中的地区，所印书籍行销全国。成都是历史上最早发展印刷的地区，但宋元以来，随着沿海地区的发展，在明代时居于中流地位。山西平阳在金元时期是印刷的重要地区，但随着政治格局的变化，发展也不如之前。北京虽然是政治中心，但印刷技术不如江南地区。

明代北京的民间印刷业远不如南京、建阳等地发达，北京有十几家，建阳有八十多家，南京则超过九十家。这是由于北方造纸业不发达，所用纸要从南方输入，增加了成本。官方印刷业的发达吸收了大批优秀人才，致使民间印刷业的力量不足，所以，北京的印刷业不发达，但销售从南方运来书籍的店铺则十分发达。南京的民间印刷业远超北京。这是因为南京虽然是南都，但保留了一些政府机构，是东南地区中心，所以明代南京的印刷业在原有基础上迅速恢复发展，吸引了周边刻工，各地书坊也搬迁过来。到明中期时，南京印刷业规模超过建阳，成为全国印刷的中心。南京书坊的刻书包括各种平话、小说、故事、戏曲、传奇等通俗读物。唐姓书坊的数量在南京的近百家书房中占比最多。

明前期家刻本传世的不如官刻多，坊刻本除建本外也不多。建阳印刷的发展得力于自然、社会和历史条件。建阳地处闽北洼地，水运便利，与江西的陆路交通也很便利。此地盛产竹子，为造纸提供了丰富原料，附近的制墨作坊为印刷提供了足够的墨，附近的莒口乡盛产梨木，提供了优质板材。自唐末、五代以来，建阳未受战火影响，避乱的文人学者聚集在这里，形成了浓厚的文化气息。明代时，从宋元时期以经史子集为主，转向多样化发展，为在竞争中获得销路，书籍品种不断增加，形式不断翻新。通俗读物大量出版，如《天下难字》《千家姓》《声律发蒙》《诗对押韵》等供儿童学习的读物；儒家经典的通俗化读物，如对经典的白话注释，应试性的《献廷策表》《答策秘诀》这样政府不会印刷的；科技、医药、相书如《事林广记》《居家必用》《朱子语录》《马经》《农桑撮要》《鲁班经》等，此外还有小说、历史故事、平话等，但宋元时期盛行的平话已经被明代的小说所取代。这些书籍中配有大量插图，不同书家插图也不同，在书前冠以"全像""绣像""图像""出相""补相"等以吸引读者。但建阳书籍的插图雕版水平不如徽派精致，而是以多取胜。但粗制滥造的风气也很流行，损坏了建阳印刷的名声。明末，建阳印刷逐渐衰落下来，许多字号停业。

苏州是继南京、建阳之后的印刷集中地区。明中期时，这里的印刷已形成很大规模，所印书籍数量多，质量好。苏州的阊门和金门一带集中着一批书坊，因此，苏州的书坊多冠以"金阊"。苏州书坊印书的品种也比较多，但以小说和民间读物为主，历代名人的诗文集、经史、医学类书籍也占有一定比例。苏州府所属常熟县的毛氏汲古阁是当时著名的藏书楼。

杭州的印刷业在明代时有所发展，但不如南宋时兴盛，排在南京、建阳、苏州之后，可考的书坊有二十三家。杭州书坊中刻书最多的是胡文焕的文会堂。胡文焕，字德文，刻书活动时间约在万历至天启年间，是杭州有名的藏书家和出版印刷大家。他所刻印的书籍约有四百五十种，许多是他自己编写的，他的自编、自著、自印在印刷史上比较少见，《格致丛书》二百余种，《百家名书》一百零三种，在出版印刷史上很有特色。杭州的寺院也刻印了很多佛经。

徽州是文房四宝的产地，明代时这里的印刷发展起来，可考的书坊就有十家，所印书籍以插图著称。徽州印刷的兴起是在明中期，出现了一批技术精湛的刻工，所刻出的印刷品以精致而成为区域特色，特别是歙县虬村的黄姓刻工，精雕细镂，自成一派。一些徽州刻工远到南京，扩展了徽州的影响。徽州坊刻最多的是歙县吴勉学的师古斋，以刻印医书而闻名，汪廷讷的环翠堂由于资金雄厚，质量精湛，特别是插图，非常精美。

明代所刻印的图书除前朝所有的以外，最有特色的是戏曲、小说和各类通俗读物，还有传播西方科学技术的科技类图书是以前朝代所没有的。

对于明朝的印刷，在进行时代划分时以洪武至正德（1368—1521）为初期，嘉靖至隆庆（1522—1572）为中期，万历至崇祯（1573—1644）为晚期。在第一个时期里，虽然有《三国演义》和《水浒传》等通俗小说的创作，但其他表现并不多。此时期无论是商业发展状况还是社会思想观念、市民社会的发展，都体现着这是一个沉寂的时期。各类官方发布的印刷品是主要形式。成化年间，以说唱为代表的词话本如《三国演义》《水浒传》《西游记》《封神演义》以词话的形式出现，代表着民间文学的兴起。嘉靖、隆庆年间，坊刻小说开始发展起来，长篇章回小说在长期的抄本流传之后，被刊行发布。历史小说出版进入兴旺发展的时期；中篇的传奇兴盛起来，成化年间有《钟情丽集》出现，随后又出现了《怀春雅集》《寻访雅集》《传奇雅集》等；短篇文言小说和白话小说结集刊刻，《虞初志》《何氏语林》《顾氏文房小说》《艳异编》等纷纷涌现，成为下一时代里通俗小说繁荣的推动。万历、泰昌时期是通俗小说出版持续繁荣的时段。长篇小说大量刊行，讲史小说几乎涵盖所有朝代，公案小说成为一个新的门类，《西游记》的再出版掀起了神魔小说的热潮，《金瓶梅词话》为代表的情色小说也成为重要流派。短篇小说集、大型丛书纷纷出版，共同塑造了晚明的繁荣出版局面。天启、崇祯时期通俗小说新出了约八十种，著名的"三言二拍"出现，新出现的时事小说兼顾了现实和艺术，伴随着晚明时期的动荡社会形式成为热潮。

在嘉靖至万历前期，通俗小说的出版与创作中心是在以建阳为中心的闽北地区，这是继承前朝发展和避于祸乱所形成的优势。万历中期以后，中心开始向文化、经济发达，地理条件便利的江浙地区，即江南，转移，天启、崇祯时期的南京、苏州、杭州则已经具有了绝对的优势。

一、洪武至正德时期书籍设计

明初时，朱元璋曾下达过"翻刻"的御旨，各地藩王、政府只能按照官版样式翻刻典籍。坊刻为满足科举需要，大量刻印各种科举用书，并成为主要盈利来源。朱元璋的《大诰》严格规定对科举用书的刊刻，刻书工匠只能依照官版式样刻，有司照章执行，版式风格趋于一致。

明初的印刷是沿袭元代，无论官私，均以宋本为模本，明前期刻书的版式大都采用宽栏大黑口，字体多楷书，版式很阔大。明初采用这种沿袭做法，以至于有书商去掉序文和透露相关时代信息的文字冒充元版书。虽然是复古的，但复制宋元本的做法则比较少。所以，明初时沿袭元代风格，由于是官刻为主，所以质量有保证。

明初文化控制严密，大量印刷维护统治的"制书"，建立起以司礼监、南北国子监为主体，兼以各政府部门和地方政府的官方出版系统。司礼监是内府印书的主要部门，被称作"经厂本"或"内府本"。这些书籍的印刷非常精致，纸墨质量都很高，字号也大，行格舒朗，视觉效果很好，但校勘不精，文字谬误较多，所以评价不高。

"黑口赵字继元"是对明初刻书特征的简单归纳。当时，官刻的通行字体为赵体字（图6.1），司礼监的经厂本模仿当时馆阁体书法家姜立纲的字体。永乐时期，翰林学士沈度的台阁体（图 6.2），也称"馆

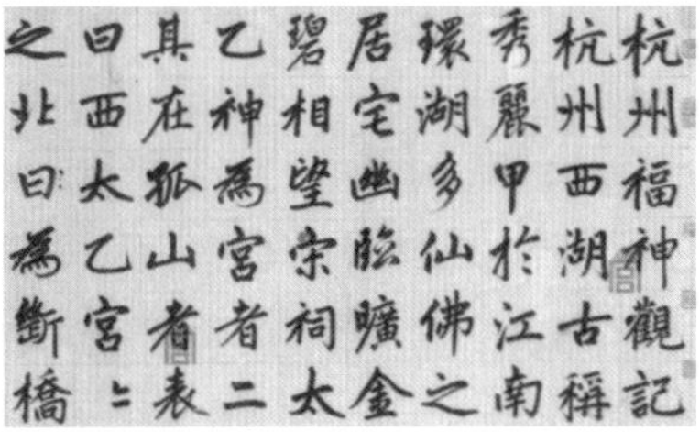

图 6.1　赵孟頫《杭州福神观记》

阁休"，受到成祖朱棣的赏识。在内府采用这种字体后，地方政府也纷纷仿效，从而成为一种官方专用的字体。后来，随着姜立纲的出现，他的字体成为新的台阁体规范。姜立纲"七岁以能书，命为翰林院秀才"。他的字体在赵体中带有柳公权的笔法，在天顺、成化、弘治三代名噪一时，当时的内廷制诰、碑额大都出自他的手，被称作"姜字"（图 6.3）。因此，司礼监在印制书籍时采用姜立纲的字体是很自然的事情。其他印刷字体以楷体为主，欧、颜、柳、赵都有，但明初以赵体

图 6.2　沈度《敬斋箴》　　　　　图 6.3　姜立纲字体

为主，永乐年间开始流行台阁体。

　　赵体是自元以来的印刷用体，明代沿袭，所以有"赵字继元"的说法。这是由于元朝旧有的刻书铺和工匠被征召进内府后，依然习惯于用自己原有的粗大黑口风格。地方政府在翻刻敕撰、官修或御制文书时只能依据中央要求依样翻刻，而不能随意变更，从而客观上形成了统一的官刻特征。坊刻和家刻则因为受官刻版式的影响，也多数采用了这样的方式。朱元璋为保证中央政令在执行过程中不走样，从文字出发，采用粗笔画的字样能较少因翻刻原因造成舛误，特意颁布律令，并交由有关部门专门负责查看，并给予相关人等重罚。所以，强有力的政治管理也使得字体明了、装饰清晰的版式成为当时通行的方式。赵体、姜字的出现体现的是一种书法审美，而它们的流行则是与当时的社会政治相一致，馆阁体在这时期出现，并在后世一直是官方用字的主流是因为其实用价值而不仅仅是审美。

　　此时期建本沿袭元建本，字体为瘦而圆劲的颜体，但后来笔画变得生硬，圆劲味道也消失了。

在版面装饰上，该时期的装饰特征从元浙本的白口、细黑口发展为大黑口，鱼尾仍为双黑鱼尾，上鱼尾下方用简称记书名、卷次，下鱼尾上方或下方记页码，左右双边或四周双边。刻工姓名因为是大黑口而多不记。从版式上看，版面阔大，行格舒朗，字大如钱，颇为悦目。司礼监的经厂本都加圈断句。初印的常在每册首页加印"广运之宝"红色文字的大方印。但万历年间，司礼监所藏的典籍和印版遭到宫中大火和战乱影响，损失严重。

明建本都作大黑口，双黑鱼尾，书名、卷次、页码在版心的位置与宋元建本相同，四周双边或左右双边，不记刻工姓名。因通行包背装，蝴蝶装消失，书耳就没有存在的必要。序跋题识少见，牌记较多。

此时期司礼监所刻印的书用上好的白棉纸，用好墨精印，早期的装订多半是包背装，但多已改装。原装的封面用蓝色较多，官刻本用蓝绢，内府刻本用黄绢或蓝绢，嘉靖以后，这种做法逐渐松弛，不再讲究了。

该时期，朱元璋和朱棣分别刻印了《大藏经》，被称作"南藏"和"北藏"，还有《道藏》，印成后分颁各地寺庙。这些宗教书籍用的是经折装。

明代历书多是用黄绫包背装，也有纸面包背的，除墨印外，还有蓝印。

二、嘉靖至隆庆时期书籍设计

此时期雕版的特点被总结为"白口方字仿宋"。整个雕版发生了较大的变化，字体由此前的赵体突然转变为欧体，版式由大黑口变成白口。在这个时期里，前后七子倡导复古，这股时风反映在刻书领域就是要复宋刻之古。正德以后，特别是嘉靖时，无论官私，不但翻刻宋元旧籍，而且在版式、字体上也全面模仿。而宋刻的特征就是刀法剔透，白口大字，一派古朴大方的风格。嘉靖年间所刻数量多，质量高，不同于其他时期，被称作"嘉靖本"。这些书纸白墨黑，行格舒朗，左右双边，一派宋版气韵。嘉靖本样式起源于具有文化中心意义的苏州，后向全国扩展。在苏州，白口欧体由家刻古书所引领，受到欢迎后向外地传播，也影响了官刻、藩府刻和坊刻，但经厂本、个别版本和偏远地区仍然为明前期样式。

建本到明中期仍保持独特风格，而未被嘉靖本所同化。建阳书坊大批刻印章回小说要到万历后期。

嘉靖本与明初本和后期的万历、天启、崇祯等本都有明显区别，全面模仿南宋浙本特征。字体仿南宋浙本用欧体字，但相对于南宋书写体的欧体，此时较方板整齐，符合印刷所要求的规范化。不避明帝名讳，但覆刻宋本时沿用宋代避讳。

中期建本在早期基础上继续演化，宋元建本圆润的颜体字基本消失，转为点划生硬、撇捺较长的字体，不如宋元及明初建本美观。

正德以后，字体逐渐摆脱赵体束缚，朝两个方向发展：一个是模仿宋代刻本的楷体，结构方正，有肥瘦两种类型；另一个是在南宋中期出现的，在宋体字基础上的进一步发展，横细竖粗，四角为方，这也就是后世所说的"宋体字"。

正德、嘉靖年间，刻书字体仍然延续欧、柳的风格，但结构开始趋向于方正，版心从黑口改编为白口。这与明人重视宋代版本有关。无论官私，都以宋本为刊刻的模本，一度形成大力翻刻宋本的风气，连字体也一反元、明初的赵体，而仿欧、柳、颜体。文人的喜好使得书籍印刷也必须迎合这种复古风气。这种复古做法包括翻刻本、覆刻本、仿宋本、影刻本等。

翻刻本，是指根据原版重刻印刷，一般仍按照原来的内容、字体和版式刻，有的加序言说明翻刻的原因和经过。建阳有的书坊为追求速度，把书割裂篡改，造成很多错误。以至于许多官方委托刻印的建本书籍牌记中会专门刻出官府公文。书坊及刻字工人一切都依照旧式翻刻，宋本字体的欧、颜、柳体不变，避讳宋的缺笔都丝毫不变，版心中每页的字数、刻工姓名都依样摹刻。

覆刻本，是指将宋元时印本直接贴到版面上，原样不动覆刻，版式、字体自然也就完全忠于旧样。这是由于当时宋元时的原本数量还有很多，所以直接毁掉原书也并不太可惜。刻工由此形成习惯，在刻当代作品时也认真对待，形成相似的字体。

仿宋本，是模仿宋版字体刻书。当时，由于刻工在仿古上的做法很精到，以至于不仔细辨别就会误认。

影刻本，是在雕版前先请人在宋版底本上铺很薄的纸影写，然后反贴在木版上仿刻。这种做法，如果做得精致，也能达到乱真的效果。但也有脱字、擅自更改的现象。

明代印刷字体的最大成就是"宋体"字的初步形成，该字体后来在清代时完善后成熟。明代印刷字体以楷书为主，除当时名家外，常用字体是颜、欧、柳、赵等体，与宋元区别不大。在宋版书中，已经出现了强调"横平竖直、横轻竖重"的印刷字体，但没有脱离楷书，被看作"宋休"字的初始状态。蒲松龄在《聊斋志异》中曾说，"隆、万时有书工专写肤郭字样，谓之宋体。刊本有宋体字，盖昉于此。"钱咏在《履园丛话》中也说，"有明中叶写书匠改为方笔，非颜非欧，已不成字。"这些字体当时被称作"宋体"或"宋版字""匠体字"，实际上与宋版上的字并无关联。明初时，这种字体被改革，脱离了传统的楷书模式，真正成为独立的印刷字体。这种字体过分突出字形的方正，忽略了文字本身的组合特征，因此被许多人批评。但这种字体摆脱了各种书法字体的特点，是一种全新的完全适合印刷的字体，所以逐渐被广泛接受，并成为一种官方承认的书刊正文常用字体。因为宋体专用于印刷雕版，所以也被称作"匠体"，日本则称作"明朝字"。

明中期时，宋体字得到修整，万历年间，在南北国子监中也开始使用这种字体，它与各家各派书法都不相同的独特美感也为人们所欣赏。

对于"宋体"字的出现，显然有着书法家的因素，但它被重视和推广，与刻工的关系极大，然后才是被认识到所具备的独特美感。对于书法而言，笔画的粗细变化是审美的构成之一，但对于刻版而言，木板的纤维和纹理对于雕刻是有着比较大的障碍的。在宋体之前，楷体字不同于行草等便于人们书写的字体，它成为印刷的主流就是因为其所具有的印刷因素。印刷的首要目的是大批量的传播，并对读者产生影响。在印刷过程中，存在着各种不可控的因素，可能影响最后的印刷效果，易识别的楷体显然有着最大的优势。另一方面，印刷需要经过刻工的雕刻，同样的文字在不同的字体条件下所耗费的工时是不一样的。刻出粗细不同的笔画就意味着不断切割木纤维，耗费体力较大。横平竖直的笔画则可以沿着木材纹理刻画，需要切断的纤维大大减少，行草字体里的弯、折、勾这样的复杂笔画形式被转化为较多的直线，便于凿刻，有效提高了刻版的效率。宋体字在楷体字的基础上继续进行规整，以适合刻工雕刻为目的，所以能够更为有效地减少刻板工作量。据测算，采用宋体字时，抄写和刊刻的速度都大大提高，由此约能节省一半的费用。

现存最早的明代宋体字刻本为正德十六年（1521）江阴朱氏文房的《樊川诗集》（图 6.4）。此时，字体依然保持楷体笔画特征，但宋体的"横平竖直、横细竖粗"已经很明显。嘉靖三十五年（1556）无锡顾氏奇字斋的《唐王右丞诗集》（图 6.5）中的字体已是标准的宋体了。

嘉靖本版式仿南宋浙本，作白口，变前期的双鱼尾为单鱼尾，左右双边。个别将书名刻在鱼尾之上。有的在版心下方刻牌记。

建本为大黑口，双黑鱼尾，四周双边或左右双边，不记刻工姓名。和前期建本一样，有时在正文小题等上加鱼尾以醒目。少可序跋，多有牌记。此时的建本依然不避皇帝名讳。

明代版式基本沿袭宋元以来样式，变化较少。

版框：细线单边、粗线单边、文武边等形式在明代都有使用，但最多的是上下单边左右双边。多数书有行线，少部分没有。一些书还用花边边框，这是以前所没有的。

中缝：明代中缝以单鱼尾和双鱼尾为多，单鱼尾多放在上部，下部用横线隔开内容，双鱼尾有对向或顺向两种，个别书采用多个鱼尾。

图 6.4 《樊川诗集》

图 6.5 《唐王右丞诗集》

中锋内写书名、卷次、刻印时间、出版人、页码等，少数有刻工姓名。

牌记：明代牌记有龟趺形、钟形、鼎形、琴形、莲花荷叶形等。

版权和广告：宋代已经在书籍前面或后面刊印版权和广告，明代的坊刻书中版权和广告很多。广告内容是刊印者的字号、地址、刊印的目录。版权宣示主要是"不许翻刻""不许重刻""翻刻千里必究"等字样。

标点符号：宋元时的印刷品中都出现过句读，明代使用越来越多，也越来越多样。这些句读形式多样，但较为常见的是"."和"。"这样容易雕刻，识别性也不差的形式。

明代最流行的是包背装，经厂本、藩府本和各地坊刻很多都用包背装，卷轴装只有少量使用，经折装主要用于佛教经卷。嘉靖本自明中期起，多用线装。建本也多改为线装。

三、万历至崇祯时期书籍设计

自万历开始，明刻本表现出不同于嘉靖本的新风格。主要改变仍然是字体和版式，字体改变更明显。字体由出于南宋浙本欧体标准而方板整齐的嘉靖本字体特征转变为更加方板整齐，横平竖直，横细竖粗，完全脱离欧体，世称"方体字"，也有称"宋体字"，字体得以进一步规范化。该字体与宋代三地所用字体都不相像，之间也无关联，所以从横平竖直的笔式特点称作"方体字"。这种字体长期以来并不讨喜，但从此至清代都采用这种字体，铅印技术引入后也用的是这种字体，称其为"宋体字"或"老宋体字"。这种字体始于徽州，随着徽商在江南地区的活动而将这种风格带到该地，影响广泛的江浙进而将这种风格扩散到全国。

随着这种专用于印刷而缺乏个性特征的规范字体的扩散，追求与之相区分的新刻本，所谓"写刻本"在万历时出现。这种写刻本是像早期刊刻一样，用普通书写的字体写成后刻写，但因为这种区别于通行字体的做法就是要突出个性，所以万历时的写刻本虽然仍用赵体字，但已不同于前代的赵体字，而追求字体的书法风韵。

天启、崇祯两朝的刻本中除保持万历时的方体字和少数写刻本外，在杭州坊刻中又出现了新的字体。这种字体相对于之前的方体而稍长，笔画相对于横细竖粗而较瘦，相对清朗，后为清人所沿用。

章回小说在万历时进入全盛时期，迎合这种需要的坊刻本大为兴盛，建阳刻本最多，其次是南京，但南京偏重于戏曲类型。建阳书坊以余姓开设的最多。余姓所开设的书坊宋元时期就很有名，此时复兴。南京唐、周二姓书坊开设较多，周姓多刻章回小说，唐姓多刻戏曲。但这些多数是在万历年间，天启、崇祯时衰落，建阳刻书中心到清初已不复存在。商业化运作的建本日渐水平低下。

家刻早已有之，而随着明代刻书业的发达，文人高度参与其中，既作为藏书架又组织刻书，引领了风气。嘉靖时有黄鲁曾和黄省曾兄弟，而明末苏州常熟的毛晋身为大藏书家，他的汲古阁本超过了北京国子监，成为很有时代特色的一个晚明印刷现象。毛晋所刻书有很多大部头的，而且印得也很多，流传广泛而又长久。汲古阁本在字体、版式上都多作创新。在字体上：刻于天启年间的是当时流行的长方体字；万历方体字；将万历方体字压扁的扁方体字，横笔瘦竖笔极粗；仿欧体不像南宋浙本、明嘉靖本，瘦长且斜，但数量不多。版式白口或黑口，书名在上鱼尾上或在上鱼尾下，左右双边或四周双边。天启时所刻的标"绿君亭"，以后多在版心下方标"汲古阁"，有的在每卷首尾页版心中央标"汲古阁正本"，常附有毛晋的刻书跋。采用线装。但是汲古阁本在校勘上不足，一些书出现了很多错误，有的则校订较严格。

值得注意的是，在这时期，随着耶稣会向亚洲的扩展，他们的影响也留在印刷史上。瑞士耶稣会士邓玉函除参与了当时的历法改革外，还雕印了介绍西方科学技术的书籍，如《泰西人身说概》《远西奇器图说录最》（图 6.6）等。此时期，插图的绘、刻技术大为提高，使得邓玉函书籍中的大量插图能够以比较写意画面表现出来，操作的人物与山石花木较好地融合在一起，表现出浓厚的明代生活气息。

万历时，宋体字进入繁盛时期，字体结构更为成熟稳定，官方和民间都广泛采用这种字体，宋体字成为印刷字体的主流。万历年间分别由北京国子监和南京国子监刻印的《南齐书》（图 6.7）和《三国志注》（图 6.8）字体采用的都是宋体字。在宋体范畴内，又有许多新的变化，如万历二十五年（1597）径山兴圣万寿禅寺刻印的《石门文字禅》（图 6.9）的宋体字正文笔画很粗，牌记文字却又细瘦，字形狭长。杭州容与堂刻印的《红拂记》（图 6.10）大字略粗，小字细瘦，结构匀称。万历二十八年（1600）吴兴凌氏所刻《楚辞》（图 6.11）字形略长，笔画粗细匀称，字间距较大，有着较好的可读性。

图 6.6 《远西奇器图说录最》 明天启七年（1627 年刻本）

图 6.7 《南齐书》北京国子监刻本

图 6.8 《三国志注》南京国子监刻本

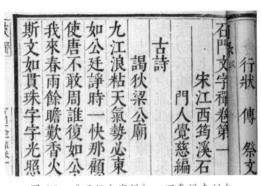

图 6.9 　《石门文字禅》　万寿禅寺刻本

图 6.10 　《红拂记》　杭州容与
堂刻本

图 6.11 　《楚辞》　吴兴
凌氏刻本

明代到崇祯朝才开始避皇帝名讳，明代避讳始于天启、崇祯，但有这种避讳的刻本存世不多。对此，明人曾说，"不避讳于一帝一年号，为我朝德政。"本来，这些帝号都不避讳，这也体现在明代的印本书中。明末虽然开始出现避讳，但依然不是很多。熹宗朱由校的"由"字缺笔，"校"字改为"较"，思宗朱由检在崇祯本《说颐》中"检"作

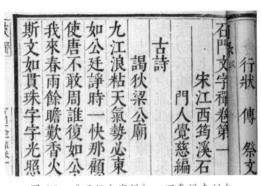

"简"。顾炎武《日知录》中说，"崇祯三年礼部奉旨颁行天下，避太祖、成祖庙讳，及孝、武、世、穆、神、光、熹七宗庙讳，今上御名亦需回避。"但在实际上的现存明本中，只见有避讳光、熹、思三帝的。反而因为许多刻工翻刻宋本，而避了宋帝的讳，以至于有些明人所写的书籍也被刻工避了宋帝的讳。

建本较明中期笔画更生硬粗拙，南京本有的是写刻本有的是万历方体字。

版心上方白口单鱼尾，书名在鱼尾之上，鱼尾下只有卷次。这种做法自宋至明前期未曾出现，明中期较少出现，后期则十分普及。版心下方一般白口，少数细黑口，有时在白口处有刻坊名号，多左右双边或四周双边。

建本和南京都多用白口，书名在上鱼尾之上，与万历方体字版式相同，多四周单边。南京坊刻中有的用图案在每半页的四周组成花边，被称作"花栏"。

在每卷卷首题撰人的次行加"明□□□校"，虽然此前有，但在此时成为风行的做法。开始把评点刻在书里。牌记这时候绝迹，取而代之的是"内封面"，相当于现代的书名页和扉页。这种封面一般分三栏，居中以大字刻书名，右栏顶格刻"□□□撰"或"□□□鉴定"，左栏下方刻"□□堂藏版"等，有的在内封面上刻对该书的宣传文字。

由于小说戏曲的故事性特征，常用"两截版"或"三截版"，上部刻评语，建本在上半部刻插图，有"全像""出像""出相""图像"的称法。南京本一般图像占整个半页。

建本、南京本每卷卷首常刻"书林□□□重梓""金陵□□□梓行"等标记书坊或店主名。仍有牌记，也有内封面，天启、崇祯朝依然不避讳。

中国印刷设计史

从万历时期起，书籍普遍采用线装方式，从此成为占据统治地位的装订形式。线装所采用的订线有棉线和丝线，订孔四眼、六眼不等，也有五眼、七眼，甚至八眼、十眼。书皮用较厚的纸张，有的几层纸裱在一起，比较考究的则可能会再用各类丝绸。

第二节　书籍装饰与插图

一、书籍装饰

装饰是书籍所不可或缺的，图案、文字、颜色都是装饰的一种，而客观来说，版式是页面的构成，它们本身是一种书籍元素，也形成了一种装饰。

牌记中使用各种图案与其他品类中的图案相同，体现出了文化在实际应用时的共通性。一种文化形式在成熟之后便会广泛应用在其他种类上，扩充了该文化形式的适用范围，也起到"标记"的作用，即具备这一类文化形式的便属于同一个文化分类。譬如，刀和服饰本是两个完全不同的类别，但其上所使用的相同图案装饰却可以将二者划分为相同的文化类属。以《太古正音琴谱》（图 6.12）为例，书籍封面四周的缠枝花在服饰图案

图 6.12　《太古正音琴谱》
明张石衮　万历

中最为常见, 花、叶、枝的构成方法在陶瓷上早已发展成熟。它不拘于二方连续还是四方连续的构成规则, 能够非常有效地实现装饰目的。书名两边的乐器选择八个作为代表诚然有着按照图书幅面而进行页面设计的考虑, 但"八"这个双数的出现则与中国传统的吉祥文化直接相关, 图案成对出现也是传统文化中对于图像表现的一种规则, 而不是错落对应。这些分析是对封面的视觉解读, 而实际上在创作这个封面时, 创作者可能更多关注于书名的题写笔体, 对这些装饰性图案并未给予过多考虑, 就像"太古正音"四个字采用竖向书写而不是现代的横向书写, 这完全是一种文化规范下的自然行为, 无需太多主观上的思考。

元代建阳书坊首次出现了带图的书名页, 明代中期以前仿效这种做法的尚不多。正德六年（1511）建阳的杨氏清江书堂本《新增补相剪灯新话大全》上图下文, 封面图画下有"重增附录剪灯新话"两行大字。安正堂也是建阳老铺, 万历三十五年刻本《学海群玉》封面的上层是渔、樵、耕、读四人形象。郑之珍所刊的《目莲戏文》书名页中间是一个赤脚仙人站在水上, 戴笠吹箫, 旁边是"新编目莲救母劝善戏文, 万历壬年孟秋吉旦绣梓", 上书"高石山房"。中下两卷书名页绘一官、一童和一个梅花鹿, 刻工为歙县黄铤。这种书名页带图的除建阳、徽州外他处少见。

普通花栏多为四周单边, 或者四周双边, 或左右双边, 格式比较单调。南京书坊创造出一种带图案花边的书名页, 唐氏富春堂把这种做法推广到每一页正文的四边, 在书名上为这一特色特意标注为"花栏"（图 6.13）, 以此作为书坊的创新。新安吴勉学的《徽郡注释对类大全》的封面也是这样, 但在建本中这种做法较为少见。

一般在说及书籍时都是一本一书, 但是明末时还出现了将不同作者、不同内容的两部书合刻在一起的做法。这类似于三截版图书的做法，只是三截版是将文、图、评并列，而这种则是将两本书合版。

崇祯年间雄飞馆的《精镌合刻三国水浒全传》，封面题《英雄谱》，上层是《水浒》，下层是《三国》。句子旁加朱墨的圈点和评语。

宋本中有袖珍小本，也有大本，明经厂本多为大本。明写本《永乐大典》以宽大著名，高51厘米，宽31厘米。嘉靖年间的《太和先生图像赞》高77.5厘米，宽55.5厘米。虽

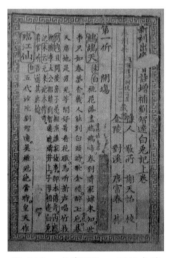

图 6.13 "花栏" 万历金陵富春堂刊

然如此，一般的刻本显然要比现代印刷本大，字数也要少，这都与手工刻版、印刷时人手的尺度直接相关，可以说是一种自然状态下对人体工学的适应。

页码标注一般采用一、二、三这样的数字，但个别明本中也用其他方式。如嘉靖年间的《词林摘艳》采用干支标示，秦府翻刻宋本《史记》采用千字文计数，《征播奏捷通俗演义》中采用六艺、八音等字。

宋本为便于折叠装背，已经开始用鱼尾这种形式，明书中有无鱼尾的，也有多个鱼尾的。如两个或三个鱼尾的，崇祯年间金忠纂车应魁刻的《瑞世良英》版心中有六个鱼尾两两相对，第一对内写书名"瑞世良英"，第二对内写卷册数，最下写页码和刻工。这种鱼尾就不再只是为了便于折叠，还是在意识到鱼尾的装饰作用基础上，将鱼尾用作装饰构成。

有些出版者为了自我宣传,把自己的肖像刻在书上。最早这样做的是明弘治年间建本《周易传义大全》,刻有余氏双桂堂主人像。万历年间,建阳的余象斗及其双峰堂颇为著名。余象斗自称三台山人,在《海篇正宗》一书的卷首有《三台山人余仰止影图》,图中余象斗坐在三台馆中,旁边有婢女捧砚,童子烹茶。在双峰堂刊行的《词林证宗》中也有与此相类似的图像。南京的书坊也有把自己肖像刻成印章,印在广告反面。汪瑗的《楚辞集解》中有唐少村戴着草笠,手执书册的半身小像,上栏是"先知我名,现见我影,委办诸书,专选善本"四行小字。

采用靛蓝印书也是明书中的一种方式,是白棉纸加蓝印,嘉靖、万历年间最为兴盛。成化年间的《灵棋经》,弘治年间的《安老怀幼书》都是蓝印。明胡应麟说:"凡印有朱者,有墨者,有靛者,有双印者,有单印者,双印与朱必贵重用之。"后来朱印和蓝印多用作初印本,从而便于用墨笔校正,这与现代以红色作为校正不同。

装饰图案的防伪方式与传统文化结合在一起。自古至今,各类造假行为遍见于各种场所,"签字""画押"就是以手写方式防伪,自纸币被发明以来,如何编制一套独家密码就是商家的重要之事。纸币印刷出现后,仿与被仿也成为纸币印刷中的常事。一直到现代,图案依然在纸币上面发挥着作为装饰与防伪的两个重要功能,这是图案使用的重要现实功能。

二、书籍插图

图文对照,二者相辅相成一直是中国书籍的传统,"左图右书""左图右史"一直是人们所熟悉的形式。在雕版印刷的早期时代里,佛教采用雕版扩大影响,就已经将佛像大量印制在纸面上。但一直到宋、元、明前期,插图虽然常见,质量却不甚高。晚明时期才算是

中国印刷设计史

进入插图本大盛的时段。插图的官刻、坊刻和家刻是三种不同的来源，官刻是传道教化，维护统治秩序；坊刻是为了盈利；家刻则为了学术名声及个人声誉。这三种不同的来源，因为目的不同，所以，表现也就不一样，繁荣的社会背景也必然不同。

在地方插图兴盛之前，明代初期，最先繁荣起来的是受政府支持的各类殿版插图。洪武至宣德四朝是佛教木刻图像数量最大的时期。洪武二十四年（1391）刊刻的《七佛所说神咒经》，布局饱满，绘刻绵密，画幅颇大。永乐年间宫廷图像印刷形成以宗教画为主流的高峰期，北方的佛教木刻画得以繁荣，无论是数量还是质量，都比洪武年间要好，画面生动，线条流畅。永乐十八年（1420）的《天妃经》的首引画气势宏大，六面连式，歌颂天妃功德，以写实的手法表现航海题材，其中的海船对于考证郑和下西洋宝船的形制有着直接的参考价值。景泰年间翻刻的《释氏源流》是一部大型佛教木刻画，体现出了"经厂本"的大方华丽特色。

而对于民间来说，印刷受到打压，也缺乏为普通百姓所喜闻乐见的文化作品，所以这一时期里，小说、戏曲等插图基本处于空白。宣德十年（1435）的《金童玉女娇红记》由南京济德堂所刻，线条朴拙，画面丰富，保持着永乐时期的繁缛特征，是现今所见到的明代最早戏曲插图。

社会需求的扩大是明代插图艺术兴盛的首要原因。由于商品经济的繁荣，印刷成为社会经济中的重要构成，刻书、藏书、购书是社会上的一种风尚。新兴的市民阶层希望通过阅读实现消遣、娱乐、养性的目的，轻松、有趣的插图本书籍成为人们所追求的东西。为了在竞争中取胜，印刷行业除了提高印刷质量，不断推出新书外，插图成为有效的竞争手段。明嘉靖时期，随着印刷业的发展，图书消费也获得提升，书坊的通俗小说增多，插图也多起来。除少数的《三国演义》《水浒传》和《西游记》《金瓶梅》是本朝作品，更多的是之前的传统作品，如《全汉志传》《南北宋志传》《唐书志传》，出自下层文人之手，采用插图表现。自成化以后，北方的戏曲插图逐渐衰落，南方，尤其是建阳的小说、戏曲插图开始发展起来。

　　明代私人书坊林立，很多聘请技艺精湛的雕版能手，以精美的插图为特色吸引读者（图 6.14），这也反过来促进了雕工的发展。在这种良性竞争态势下，雕刻技术提高，各地还形成了自己的风格流派。南京、建阳地区以古朴豪放著称，徽派以刀法纤细精致、神韵生动为特色。明代插图的雕刻技艺走向成熟，风格工丽而多样化，在以往的戏曲、小说这些类别外，严肃的经典著作和科技类图书中也采用插图。尤其是科技类的农书、医书、兵书等（图 6.15），这些插图不仅是增加一些图画，更是以图画的形式更为有效地对科学知识进行传播。这与文艺类的插图表现功用不同，是对图像这种表达方式的优势的认可。如李时珍的《本草纲目》中对于草药形象的表现，《武经总要》中

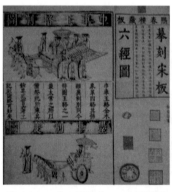

图 6.14　《六经图》　万历熙春　　图 6.15　《天工开物》　"锤锚图"
　　　　　堂刻本

对于军事技术和武器的表现，这些图画中所携带的信息很多是文字所难以有效传达的。随着西方传教士进入中国，西方影响也带入插图表现中。诸如西方的鸟铳、佛郎机、船、天平，以及耶稣、圣母像都出现了。这些插图根据版式的不同各有命名，如"全像""全相"是每页都有插图，图文关系紧密；"偏像"是偶尔有插图；"绣像"指人物肖像等。随着对图像的注重，插图在版面中所占的位置越来越重要，幅面越来越大。从上图下文、上文下图、文中有图，到单面整幅插图、对页插图、多页插图。插图的外框样式也从一般的方形向扇形等样式扩展。明代后期，在插图的基础上，还出现了以图为主的图册，如各类画谱，这是之前时代所未有的，体现了明代对于图像的认识。

明代中期时，单色图版的雕刻表现技术发展成熟，画面工整秀丽、黑白对比恰到好处，图版幅面除正幅版外，还有双幅对版，甚至是连续几个幅面。明代后期的雕刻侧重于以精取胜，表现细致，画面富有生趣，在人物形象的塑造上非常有特色。《顾氏画谱》《集雅斋画谱》《雪湖梅谱》这些画谱的出现是画家与刻工积极合作的结果。嘉靖、隆庆时期，插图有了长足发展，当时的戏曲小说几乎有一半配有插图，万历时期，插图本有了突破性发展。天启、崇祯年间，徽派的崛起将典雅精细的风格与江南艺术气质结合起来，随着徽派刻工的对外扩展将这种特色带入了全国各地的出版中心。徽派代表者是黄应麟、汪忠信两人及其家族，计明清两代黄氏一族刻书约 200 余部，刻书者数百人，万历三十年（1602）以《古列女传》《人镜阳秋》等为代表，徽派进入黄金时期，风格精细，人物修长，表情生动，布景包括室内和室外，细节刻画精丽，代表作有丁云鹏绘、黄鏻刻的《程氏墨苑》（图6.16），黄一楷刻的《浣纱记》，黄一凤刻的《牡丹亭》等。因徽派版画的绘画、雕刻、印刷上的特异之处，各地书商均重金聘用徽派画家、刻工，从而将徽派的风格扩展到苏州、宁波、杭州、南京等地。其中歙县虬村的黄氏一族经几代发展，至万历时，发展出一套雕图刀法，秘不示人，其技艺远胜于其他地区刻工，上述黄姓数人即此族人。

明代插图的优异表现，一方面是技艺精良的刻工提供了技术保证，另一方面是专业画家的参与保证了高水平的画稿。明初，插图的表现沿袭宋元时期的简单朴拙风格，插图的起稿、雕刻都是由刻工完成的。书籍中的插图除少数图书画面较多外，大

图 6.16　《程氏墨苑》　万历三十四年（1606）刊本

部分数量较少。因此，"线条粗壮、构图简略"这种非专业画工的作品就成为万历以前的风格。明代中期，随着印刷行业的成熟，名画家参与插图绘制中。具体来说，"从作品的水平看，万历后期比万历前期、中期有了一个很大的飞跃，而这种高速发展，一直持续到天启、崇祯年间。版画插图史上最终的成就，几乎都是在万历四十年前后到明朝灭亡这 30 余年时间取得的。"①在此之前，插图都是由画工自己画稿，虽然也出现了一些水平较高的，但毕竟与专业画家，尤其是名画家的水平不能比拟。而且，明中后期开始，画、刻分工，专业化得到重视，插图的风格与画家个人风格密切相关，使插图在表现风格上走向多样。人物形象的塑造、画面的构图、人与景物的配合、雕刻表现的刀法，都

① 董捷：《古本〈西厢记〉版画插图考》《新美术》，2001 年，第 3 期，第 70 页。

促进了插图的表现。

在几个主要印刷中心，也形成了各自的插图表现特征。明代坊刻主要集中在建安、苏州、南京、新安、杭州、北京等地。南京、北京流行的插图内容是戏曲传奇，构图为舞台表演效果，在图文布置上是沿袭宋元时代建安书籍插图的特点，上图下文。万历十七年（1589）以后插图改为全页大幅的形式，多达 100 至 120 幅。建阳在明前期、中期时就已大量运用插图，晚明时期更甚，其插图艺术性相比于之前增强，风格淳厚古朴；徽州插图兴起于万历中叶，典雅细密，雕刻精湛；南京的戏曲、小说插图风格雄健，后来受徽派影响转而秀丽；杭州的插图表现既有典雅一面，又有苏杭的精巧；苏州插图起步较晚，以小说插图为主，版式采用月光式、狭长式，成为经典样式。

协调画、刻、印的是书商，即负责销售的出版商。方于鲁与程大约为取得竞争优势，就先后聘请丁云鹏为其画稿，丁云鹏也乐于为润笔而不顾方、程二人的竞争态势分别为二者绘画。

第一，由于插图在形象塑造、情节表现上具有文字所难以比拟的优势，极大调动了读者的阅读兴趣。时人朱一是在崇祯十五年（1642）清白堂刊刻的《蔬果争奇》的序言中，对于当时人的阅读现象曾描写道，"今之雕印，佳本如云，不胜其观，诚为书斋添香，茶肆添闲。佳人出游，手捧绣像，于舟车中如拱璧。医人有术，检阅篇章，索图以示病家，凡此诸百事，正雕工得剞劂之力，万载积德，岂逊于圣贤传道授经也。"

第二，则应该是各类科技类插图。因为各种农、工、医、军事、地理、星象、金石考古等形制严格，它所需要的是真实再现而无需关乎意境之类，即是说对于画工和刻工没有太高的技法要求，而其意义又极其现实，所以这些插图的形成往往是由官方出面主持的。

第三，才能排到各种文艺插图。戏曲、小说中的文艺类插图则不然，首先它需要成熟的创作来源。中国的小说自宋代"话本"开始成形，经元入明方才发展成熟。显然，这个时间限制阻碍了文艺类插图的发展。只有具备了成熟的小说创作这个条件，在市民社会达到相当的阶段之后，才能够培育出较大的读者群。形成读者群之后才能形成市场需要，才能形成商业利益，商人才会大量进入书籍出版行业，然后商人最低意义上来说才会出于竞争的需要、商业的利益的驱使聘用优秀的画家为这些书籍绘制插图。

三、南京插图艺术

南京的印刷业在南宋时就 已经很发达了，明初成为全国政治、经济、文化中心后，印刷业发展为全国的中心。各地优秀刻工聚集在南京，一些刻工不但有精湛的刻版技艺，也有一定的绘画基础。明初的代表性作品是金陵济德堂刻印的《金童玉女娇红记》，书中有半个版幅大小的插图八十六幅，是最早采用大量配图的书籍样式。这些插图的构图多样，以背景衬托人物，厅堂、游廊、车马、草木等景物再现了当时社会的真实景象，景物作为背景又突出了人物。被用作补白的图案纹样风格类似于宋元经卷插图，体现出从宋元时风格向细密表现的过渡。

明中后期时，南京的插图表现已经形成自身风格，最有名的是该地唐姓的书坊（图 6.17），如富春堂、世德堂、广庆堂、文林阁等，刻印了有着很多插图的书籍。富春堂的主人名为唐富春，所刻书多是传奇和戏曲小说。宋元时期上图下文的版式转变为半幅或整幅。画面运用粗豪大笔，有时强调黑白对比，用大片墨地彰显刻线，画面和谐，表现出多样的刀法和画面构成技巧。构图以人物为主，约占画面的三分之二，通过简明的刀锋表现人物丰富的面部表情，表达了人物的情感，创作意味明显。唐氏的插图有着建阳插图的影响。富春堂的戏曲插图为了增加书籍装饰意味，增加了"花栏"。在版式上，《新镌增补出像评林古今列女传》和《三宝太监西洋记通俗演义》采用双面连式，绘制有条理，阴阳配合适当。

图 6.17　《古今列女传》　万历金陵书坊富春堂

南京陈氏继志斋的插图以戏曲而崛起，阳刻为主，绘刻精致，由于在制作过程中由徽派画家和刻工合作，所以接近于杭州、徽州的风格，代表性作品有《香囊记》和《玉簪记》，构图稳妥、刀锋有力。

南京汪氏环翠堂的插图画版都出自汪耕一人之手，画面富丽，用刀纤细，人物修长，眉目清秀，刻工多是徽派名手黄应组，较好地再现了原作样貌，印刷时不惜工本，以质量取胜。长卷《环翠堂远景图》《人镜阳秋》《坐隐先生精订捷径棋谱》《环翠堂乐府》都是环翠堂的重要作品。

南京作为明朝的南都，政治、文化氛围浓厚，大量文人聚居在这里，从而对印刷有着直接的影响。这与以商业为中心、缺乏文化气息的建阳不同。所以，该地区的插图由于有许多文人参与，在制作的精致程度上，在文化创造上，以及在相关印刷技术的提升上，南京都有着其他地方所不能比拟的优势。

四、建阳插图艺术

　　建安插图是建阳插图之母，以古朴稚拙为特征，多由民间工匠创作，乡土气息浓厚。与建安相邻的建阳在麻沙街和崇化聚集了一百多家书坊，最著名的是余氏、刘氏和熊氏。余氏的刻书始自南宋，其中双峰堂最为出名。万历年间所刻的《新刻按鉴全像批评三国志传》沿袭早期建安刻本上图下文的样式，其中的人物虽小，但是动作多样，姿态逼真。余氏中的余象斗自编了很多历史演义、公案和神魔小说。如万历二十六年（1598）的《皇明诸司廉明奇判公案传》，及之后的《祥刑公案》《海刚峰先生居官公案传》等是当时比较知名的公案小说。后来随着公案小说的衰落，神魔小说涌现，如万历三十年的《北方真武玄天上帝出身志传》及《五显灵官大帝花光天王传》也是余象斗参与编撰的小说。这些小说的创作者在创作能力上不能与后世的名家相比，但能够满足部分市场的需要，并且有插图，所以也有它的市场。

　　建阳图书往往冠以全像、绘像、绣像、全相、出相、补相等字样，在很小的画面上描绘出与正文相关的情节，所以，虽然制作粗劣，但这种图文相配的做法却很好地满足了读者的需求。（图 6.18）如三栏式的上栏是评语，中栏是图

图 6.18　万历建安插图

画，下栏是文字，图旁再加章节的大字标题。与徽州的精细、用心插图不一样，它们在插图表现的艺术性上无法相提并论，但这种将插图放在重要地位的做法却深得读者阅读心理。插图的艺术表现有高低之分，但有无插图与无插图的优劣相比，显然有插图更为重要。建阳插图的线条粗率，由此也有简洁朴实的效果，与徽州所发展出来的精密细线造型方式相区分，也另有一种味道。

建阳刘氏仅次于余氏，乔山堂是刘氏中最知名的，主人为刘龙田，在万历时达到了发展的顶峰。万历元年（1573）刘龙田所刻的《古文大全》采用全幅大图，上面刻有标题，人物被放大，肢体动作因此清晰，属于建阳插图的罕见例子，是对宋元时期上下构图的革新，开启了该地插图的新风格。刘龙田的另一部作品《重刻原本题评西厢记》采用双面连式大图，左右两侧有标语。

熊氏在万历年间有诚德堂、种德堂等名号，早期主人是熊宗立，后来是熊秉宸、熊城建、熊建山。种德堂在万历年间所刻的《登云四书集注》采用全版构图，画法明快，人物造型简洁，线条粗实，有着鲜明的民间风格。

五、苏杭插图艺术

杭州自唐末五代，一直到宋元，都是雕版中心，明中期时，随着徽派版刻的兴起，一批徽州刻工来到杭州，与当地的画家合作创作插图，形成强强联合的态势。在万历时，除项南洲等少数人外，出版物的插图几乎都被徽州人所占据，谢茂阳、黄应光、黄一楷、黄一彬都是当时杭州的名刻手，杭州插图被称作"武林派"。杭州坊刻插图的题材包括小说、戏曲插图、画谱、酒牌，其中小说和戏曲的比例最大，成就也最高。万历三十九年（1611）所刊的《重刻订正元本画意西厢记》

的卷首是单面的莺莺像，书内插图为单张幅面的双连画面，山林树木、水石、人物错落。王以中绘画，黄应光镌刻，根据不同的形象选择了不同刀法，有效地表现了画面的特质。

杭州木刻画谱中以《顾氏画谱》（图 6.19）和《唐诗画谱》最为有名。《顾氏画谱》又名《历代名工画谱》，刊刻于万历三十一年（1603），将自晋至明的著名作品进行缩刻，刻者名为顾炳。郑振铎曾见过其中几本，现今只有几幅了。《唐诗画谱》于万历四十八年（1620），由徽州的黄凤池在杭州的书肆集雅斋所刊，共八册，所录的是当时名家所写的唐诗，与插图

图 6.19 　《顾氏画谱》　万历
杭州双桂堂

相配，形成诗中有画、画中有诗的意境。藏书家胡文焕刊刻的《山海经图》以山海经中所描写的怪物为主，粗犷有气势，画面繁缛秀丽，与徽派风格相近，但注重景物的气氛和诗意显出独特的地域风格。

苏州虽然也是刻书中心，但该地插图的崛起则相对要晚。万历二十四年（1596）所刊的《百咏图谱》的出现开启了苏州插图的辉煌。万历三十年的《仙媛纪事》由徽派刻工黄德崇所刻，人物清秀，线条鲜丽。万历四十三年（1615）刊刻的《陈眉公先生批评春秋列国志传》是小说插图中最有名的，共有 60 幅，由苏州刻工刘君裕刻成，线条粗率而有力。此外，还有《杨升庵先生批评隋唐两朝志传》和《列国志传》等，均是苏州插图精品。苏州插图的数量不如建阳和南京，但质量较高，从而形成苏派木刻插图。

第三节 书籍设计与商业

一、牌记

明弘治十一年（1498）金台岳家书籍铺刻本《新刊大字魁本全相参订奇妙注释西厢记》书中的牌记是一个上下覆祥云图案，牌记写道："尝谓古人之歌诗，即今人之歌曲。歌曲虽所以歌咏人之性情，荡涤人之心志，亦关于世道之不浅矣！世治歌曲之者犹多，若《西厢》，曲中之翘楚者也。况闾阎小巷家传人诵，作戏搬演，切须字句真正，唱与图应，然后可令市井刊行。错综无伦，是虽登垄之意，殊不便人之观，反失古制。本坊谨依经书重写，绘图参订，编次大字魁本，唱与图合，使寓于客邸、行于舟中闲游坐客得此，一览始终，歌唱了然，爽人心意。命锓梓刊行，便于四方观云。弘治戊午季冬金台岳家重刊印行。"相对于前面三代的牌记，可以看到明代牌记文字的发展程度更高。在行文上是完整的文章，不是仅仅对书籍内容、特色进行介绍，而是对书籍刊刻内容予以论述，然后引出自家作品。为了激起读者的兴趣，还对书籍内容所对应的场景进行描述，不管是室内，还是游船上，或者是闲游中，都能成为读者生活的有益融入。赋、比、兴被作者熟练地用于广告之中，既是一篇优秀的小文，也是广告，不同于现代广告文案，可谓广告与中国传统文化相结合的典型作品。

当然，这种优雅的牌记文章势必不会太多，更多的还是直白广告竞争。万历年间余氏刻本《明律正宗》书前牌记写道，"坊间杂刻《明律》，然多沿袭旧例，有琐言而无招拟，有招拟而无告判，读律者病之。本堂近锓此书，遵依新例，上有招拟，中有音释，下有判告、琐言，井井有条，凿凿有据，阅者了然。"陈氏存仁堂万历刻本《万宝全书》牌记云，"坊间《万宝全书》，不啻充栋，然不一精检，鲁鱼豕亥，混杂篇章者有之。本堂特请名士校雠，事物数度，一仿古典，启牍书札，别挨书藻，端写绣梓，点画不差，应酬使用，价比南金矣。"

序跋广告有作者自己写的，更多是书坊出面请名流或伪托名流，对书的内容、刊刻质量等方面以言辞宣扬。汲古阁在刻《十三经注疏》时，约请的是著名学者钱益谦，序文写道，"《十三经注疏》旧本多脱误，国学本尤为舛驳。迩者儒臣奉旨雠正，而缪缺滋甚，不称圣明所以崇信表章至意。……毛生凤苞，窃有忧焉，专勤校勘，精良镂版，穷年累月，始告成事。"

凡例有时候也作"叙例""例言"，其作用是介绍书籍的内容和体例，在对内容进行介绍的时候，很容易就能够变成推介性的软文。（图 6.20）

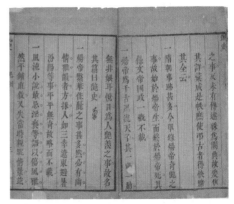

图 6.20　《隋炀帝艳史》凡例

"坊间绣像，不过略似人形，止供儿童把玩。兹编特悬名笔妙手，传神阿睹，曲尽其妙。一展卷，而奇情艳态勃勃如生，不啻顾虎头、吴道子之对面，岂非词家韵事、案头珍赏哉！"

可以看到，凡例对行文内容、插图、诗句、装饰依次进行介绍，但在表述自身特点、编纂独具匠心的时候也对竞争对手的做法进行了贬斥。

对于书名广告，明朝延续前朝做法，形式就是在书名前加各种前缀，在广告内容上分为三类：关于刊刻版本内容的，如新刊、新编、新镌、精镌、古本、秘本、官板、按鉴、参补、通俗、演义、注释、新增、插增、增补、校正、精订、绣像、补相、全相、评点、评释、圈点等；以插图作为特色的，如绣像、补相、全相、出相；以编辑者身份为亮点的，有社会身份、声名的名人、状元、名流，李卓吾、陈继儒、汤显祖等人都会被用于书名中。像《新锲两京官板校正锦堂春晓翰林查对天下万民便览》《新刻汤学士校正古本按鉴演义全像通俗三国志传》这两本书的书名可以说包含了上述所归纳的三类方式。

扉页作为书名页封面里面的内封面，与封面的设计不同，可以较为多样化地进行表现，也就有了更为多样的广告样式。（图 6.21）既有简单的广告语形式，

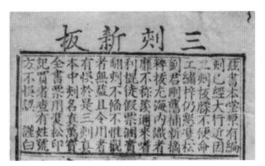

图 6.21　扉页广告

也有将复杂的广告语与插图相配合。如万历年间双峰堂刻本《镌三台山人芸窗汇爽万锦情林》，上面横排的是刊印者"双峰堂余文台梓行"，左边竖排大字"镌三台山人芸窗汇爽万锦情林"，剩下的版面为上图下文。上图为屏风前有一人坐于书桌前看书，旁边是侍奉的两童子，图下并列《汇钟情丽集》《汇三妙全传》《汇刘生觅莲》《汇三奇传》《汇情义表节》《汇天缘奇遇》《汇传奇全集》，旁边更有竖排三行小字"更有汇集诗词歌赋、诸家小说甚多，难以全录于票上，海内士子买者，一展而知之"。除了为本书做广告，还为书坊所刻的其他书目做广告。

建阳书林刘双松安正堂善于利用版权保护，宣传图书，其万历四十年（1612）刊本《新版全补天下便用文林妙锦万宝全书》扉页："兹书本堂原有编刻，已经大行。近因二刻板朦，不便命工绣梓，乃恳双松刘君删旧补新，摘粹拔尤，海内识者，靡不称羡。迩来嗜利棍徒，假票溷卖，翻刻不备，不惟观者无益，且令用者有误。于是三刻真本，中刻名真万宝全书，票用双松印记，买者查有姓号，方不误认。谨白。"

插图本是对书籍内容的形象化表现，但在有无插图的对比时，人们选择插图时，插图成为特色，具有了广告效应，也就成为一种广告。在印本之前，书籍中本就有插图，印本出现后，插图只要具备了可能性，也就成为必然出现的了。明末夏履先在《禅真逸史·凡例》中说，"昔人云：诗中有画。余亦云：画中有诗。俾观者展卷，而人情物理，城市山林，胜败穷通，皇畿野店，无不一览而尽。其间仿景必真，传神毕肖，可称写照妙手，奚徒铅椠为工。"崇祯四年（1631）人瑞堂刊本《隋炀帝艳史·凡例》中，除了宣称本书事事有来历、处处有关世道外，也着重宣传在插图安排、制版印刷等方面的与众不同，"坊间绣像，不过略似人形，止供儿童把玩。兹编特悬名笔妙手，传神阿睹，曲尽其妙。一展卷，而奇情艳态勃勃如生，不啻顾虎头、吴道子之对面，岂非词家韵事、案头珍赏哉！绣像每幅，皆选集古人佳句与事符合者，以为题咏证左，妙在个中，趣在言外，诚海内诸书所未有也。"当一种资源还是稀缺的时候，这种资源本身就是一种无声的广告。图画性插图应用于各种条件下，除了在正文内，还有牌记插图、扉页插图等。插图外框的形式，一般是依版面采用方形，但晚明时期，在苏州等地出现了所谓的"月光型"，即其形式为方形版面里的圆形样式，后来流行于各地。这种版式出现后，与以往的方形形成鲜明对比，仿佛它不是单独的画面，而是对画面的截取，从而别具一格，成为在插图内新添了一种竞争的层面。

除了内容性的图像之外，其他形象元素也成为插图范畴下的一种，这包括图案和肖像。图案既包括装饰性图案，也包括成为书籍内容隐喻的图案，尤其是后者，更是一种有特色、有意境的插图表现方式。现代书籍出版时将作者的肖像印于书籍封面内衬上，正与明代书坊主人将自己肖像刊刻一脉相承。

图案标记。书坊主以鲜明的图案标记来加深买者对本字号的感知和印象。以图案为书店的标记，始于元代，广为流行于明代。万历刻本《宣和印史》广告称："宝印斋监制《宣和印史》……绝无模糊、倾邪、破损。敢悬都门，自方《吕览》，恐有赝本，用汉佩双印印记，慧眼辨之。"这是将"汉佩双印"的图案作为一种书坊的标志。万历十二年（1584）刻本《新刊真楷大字全号缙绅便览》广告称："北京宣武门里铁匠胡同叶铺刊行，麒麟为记。"

肖像标记。书坊主人为了宣传，把自己的肖像刻在书上，以个人的人格和声誉作担保，承诺图书品质。最早似见于明弘治丙辰建本《周易传义大传》，上面有余氏双桂书堂主人像。余象斗刻印的《海篇正宗》《诗篇正宗》等书前面均大幅印有《三台山人余仰止影图》。

二、活字印刷与邸报

流传下来的活字印本是明代铜活字（图 6.22），而印铜活字最有名的是无锡的华、安两家，华家用铜活字在先。由于活字印刷相对于雕版印刷只是排字方式不同，所以活字在印行时自然要以当时通行样式为标准，所以字体、版式都与雕版印刷品相差不大。印刷效果上的区别都是因为这两种方式所引发的，比如活字排版后处理不好字的高低，就会出现墨色浓淡、字体歪斜、横排字，平面的雕版长期使用后开裂的问题在活字是不会出现的。

木活字在明代时比元代要流行。胡应麟曾说，"今世欲急于印行者有活字，然自宋已兆端，今无以药泥为之者，惟用木活字云。"清代魏崧说，"活版始于宋，明则用木刻。"现存的活字版书较难区

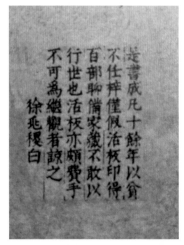

图 6.22　徐兆稷自刻活字本《世庙识余录》

分是铜版还是木版，而且采用铜版的很多会标注出来，木版的则较少明示。

明代政府没有见用活字印书的记录，各藩王则有采用活字的。蜀王朱让栩在万历二年（1574）所印的《辨惑编》，后来益王朱厚炫再印时有"恐其传播之未广也，爰循旧本益加校订，命世孙以活字摹而行之"的记录，附录末页也有"益藩活字印行"的字样。明代书院也开始用活字印刷，嘉靖年间海虞钱璠编辑的《续古文会编》中有"东湖书院活字印行，用广其传"。私人也有家藏活字的，嘉定的徐兆稷曾借别人家的活版印行其父徐学谟记录嘉靖朝掌故的《世庙识余录》。因为活字只是单字，所以可以互相串借，这是雕版所不能，而在活字则非常便利的。

明代木活字有书名可考的有一百多种，弘治以前的较少，多为万历时期印本。从地理分布来说，除成都、南京外，又有江苏、浙江、福建、

江西、云南等地。明末南方还开始用活字印刷家谱，如《曾氏宗谱》《方氏宗谱》《沙南方氏宗谱》。

明代铜活字印书，主要是以无锡为中心，另有常州、苏州、南京和福建的建阳、芝城等地。无锡的活字印刷以华、安两氏著名。虽然华、安两氏在当时的无锡是大家族，但现有对于两氏家族中从事活字印刷的具体状况和在当时活动的记录不全。华氏有华燧、华珵喜好藏书、校书、印书。安氏先世本姓黄，洪武年间苏州人黄茂入赘安明善家后改安姓，四传至安国时经商致富，作义举、御海寇、治园林，好藏图书古物，用铜活字印刷文集、类书，质量比华氏要好一些。

邸报，又称"邸抄"，另有"朝报""条报"和"杂报"的称呼，是用于通报朝廷文书和政治信息的新闻文抄，是京城以外官员获知朝廷大事及其他地方事务的重要渠道。宋代就已经出现了专门抄录邸报售卖的商人，明代专门设立通政司，管理邸报的出版发行。根据明政府规定，奏章朱批之后，由相关部门编纂汇总成朝报。《明会典》卷 213 中，"凡六科每日接到各衙门题奏本，逐一抄写成册，五日一送内阁，以备编纂"，"凡各科行移各衙门，俱经通政司转行"。在京各衙门要获取朝报信息，需要自派人手抄录，或六科派人抄出。所以京官通过这种方式迅速获知朝廷及全国各地信息。外地官员则需要依靠邸报。明保定府志第 26 卷有"查得本府原派各府县抄报银七十二两，专雇在京人抄报十本"，沈德符在《万历野获编》有"巡抚及总兵官，俱有提塘官在京师专司邸报，此亦进奏院遗意，引而申之，不为创见骇闻也"。

顾炎武在其《顾亭林诗文集》第三卷中有，"忆昔时邸报至崇祯十一年方有活版，自此以前并是写本。"也就是说，崇祯十一年（1638）以前，邸报是手抄的，此后采用活字印刷。《明史·顾宪成传》中有，"淮抚李三才被论，宪成贻书叶向高、孙丕扬为延誉，御史吴亮刻之邸钞中。"所以，其实在邸报活字印刷之前，应该也不只是手抄，也有印刷的，只是当时采用的是常见的雕版印刷。《万历邸钞》中有，"忽闻其为书传之邸报，刻录盛行。臣异之，以为悬书邸报，自来未有，自今而起，窃以为世道人心何危急如此，将令国是难定，主权下移，当是难以主持公论。"由此可见，万历时邸报刻录印刷非常普遍，以至于担心舆论左右决策。

明代的活字印刷采用的是木活字。袁恬在《书隐丛说》中说，"印版之盛，莫盛于今日矣。吾苏特工，其江宁本多不甚工。此有用活字版者。宋毕昇为活字版，用胶泥烧成。今用木刻字，设一格于桌，取活字配定，印出则搅和之，复配他页，大略生字少刻，而熟字多刻，以便配用。余家有活版苏斜川集十卷，惟字大小不划一耳。近日邸报，往往用活版配印以便屡印屡换，乃出于不得已。即有讹谬，可以情恕也。"①从这段描述中，可以获得这样两个信息，一是明代活字是木活字，二是邸报采用活字是与邸报的特点相一致的。这种特点就是文中所描述的"屡印屡换"，即邸报由于时效性原因，内容不断出新，以往的雕版方式就很不方便了。活字印刷的应用不是人的主观意愿所决定的，而是"处于不得已"而被选择出来的。以往的书籍印刷所面对的对象是典籍或历书等，内容轻易不会变更，出现错误很容易被诟病或轻易被人识别出来，所以，对于雕版印刷来说要保证文字的正确性。而邸报的性质不是文字的正确性，而是时效性和信息传递的作用。如果信息能够及时有效地传达出来，这时的文字"即有讹谬，可以情恕也"。

在邸报之外，活字印刷还用于家谱。家谱的印数一般不会太大，重

---

① 黄卓明著：《中国古代报纸探源》，北京：人民日报出版社，1983年，第165页。

修时需要再增补内容，所以雕版的劣势就很明显了。与之相应的，各类销量小的，诸如方志、个人著述，都与家谱类似。所以在江南一带甚至出现了专门做家谱生意的谱匠。这些人肩挑活字，在各地流动做家谱，以至于在当时形成了修家谱的风气。这都是因为木活字在当时社会上流通之后，被人发现木活字的优势，并进行开发才出现的社会现象。

活字印刷相对于雕版印刷的工序更多，人力更大，对从业者的文化水平更高。活字只要刻出来，之后就不再涉及这个问题，而更重要的工作是排版。排版需要具备相当文化程度，掌握文字分类所需要的音律知识，然后才能识别出相应的字。印完后还需要撤版，重新整理、归类。所以每一次印刷都需要大量的人工来完成这些繁琐的工作，而雕版则几乎是一次性付费，之后只是印刷工人和印刷用材的费用了。所以两相比较，活字印刷是一种工业化行为。

第四节　套印、拱花与印刷设计

一、套印

明代套印图书更为普遍，明中叶时很多作坊都推出套印本。（图6.23）当时印刷名家闵齐伋、闵昭明、凌濛初、凌瀛初等人都用朱墨二色，或三色、四色印刷图书，其中尤其以闵氏所刻著名。弘治年间印刷的《本草品汇精要》中的插图是以雕版印刷出线条轮廓，然后人工填色。因为是人工填色，所以色彩丰富，表现精美。后来的多版套印则是通过"饾版"的不同版块实现色彩的丰富。

套印一般被看作插图表现的重要手段，但从历史中的现实应用来看，文字套色印刷是主流。闵氏所刻书以经史子集为主，在印制时以套色印刷的方式区别正文和批注，一般正文是黑色，批注用其他颜色。凌濛初用朱墨二色套印过《韩非子》《吕氏春秋》和《淮南子》等书，万历九年（1581）在刻印《世说新语》时，采用四色印刷，以黑色印原文，红、蓝、黄色分别印王世贞、刘辰翁、刘应登等人的批注。据统计，闵、凌两家采用套印的书籍约有一百四十余种，大多是朱墨二色的，三色的十

图 6.23 《武备全书》 天启元年（1621）茅氏刻朱墨套印本

几种，四色的四种，五色的一种，书名前加"朱批""硃订"字样，以区别于一般书籍。

　　明代套印是在用黑色印出正文后用红色套印评点。这种套印方式出现于万历，是在始于嘉靖的复古之风的波及之下，将南北朝时评点诗文的风气移到明代，从而出现了评点书籍的套印方式。

　　明万历以后，随着通俗小说、戏曲的流行，插图兴盛，有人便在插图上加颜色。在插图套印中，很多是双色套印，多色也有，但较少。如凌氏印刷的《西厢五剧》的卷首附图就是用朱墨二色印制，汤显祖的《邯郸梦》《牡丹亭记》，张凤翼的《红拂记》等，是在浙江吴兴印制，插图多采用朱墨二色套印。

　　徽州在万历中后期刊刻了大量极其精美，风格清新的插图和画谱，在套版技术上也有所突破，被称作徽派。万历三十三年（1605），

安徽歙县滋兰堂刻印了《程氏墨苑》（图 6.24）一书。该书有近五十幅彩色图画，用四色或五色印制而成。同在的另一墨商方与鲁在其美荫堂刻了《方氏墨谱》，也是由高手绘画、雕刻，然后彩色套印。但这种套印不是多版印制，而是像前文所说元代《金刚经注》中采用的单版印刷一样，也是在一块版面的不同位置刷印不同色彩，一次印成的。这种单版印刷的方法的好处是刻写方便，各部分的组 合严密，但不足之处是在涂色环节。由于是在一块版面的不同部位涂刷不同颜色，这就要求刷印者具备对色彩的认知，还要注意不同色彩交汇的地方要处理清晰，否则很容易混色。"饾版"（图 6.25）就是在这种形势之下，采用分色多版的方式印刷。饾版的名字来源于"饾饤"，指的是"将不同的食物放在器具里，混杂在一起"的意思。饾版的印刷是对彩色绘画稿的用色进行分色，然后一种颜色制作一块版，在印制时，按照"由浅及深"的顺序逐色套印，实现近似于原作的效果。

对于饾版的试验、改进和推广，明末时徽州休宁人胡正言贡献卓

图 6.24　《程氏墨苑》
　　　　"天老对庭"图

图 6.25　饾版的版块

著。胡正言曾官至中书舍人，致仕后在南京鸡笼山侧居住，因房前有竹十余株，所以居室命名为"十竹斋"。胡正言采用饾版技术印制了《十竹斋书画谱》（图 6.26）和《十竹斋笺谱》，后者更采用了压印新技法"拱花"。《十竹斋书画谱》创作于 1619 年，1627 年首次印制，至 1633 年将印制的所有书结集出版，包括书画谱、竹谱、梅谱、兰谱、石谱、果谱、翎毛谱、墨华谱 8 种，前后历时 14 年。该书共有 180 幅版画及约 140 首诗和书法，每类收有绘画或书法 40 例。

拱花（图 6.27）有两种印制方法，一种是"平压法"，即在一块版上雕刻凹版花纹，然后将纸平铺在上面，通过压制将纸压下，形成凸起的花纹；另一种是"双夹法"，是将两块版分别雕刻对应的凹凸两块版，将纸夹在中间，两块版合在一起实现压制过程。拱花本是无色压印，但有的有颜色，这是在印制颜色之后再用拱花的方式压制完成。

图 6.26 《十竹斋书画谱》　　　图 6.27 饾版、拱花综合印刷

二、拱花与笺

笺不同于书籍，是需要让人书写的，所以"拱花"的出现既显雅致，又在印成后与文字书写相呼应，别有韵味。《十竹斋笺谱》中大量

采用"拱花"这种无色压印用于表现画面的脉络或轮廓。笺谱中的水墨浓淡变化是采用饾版方式实现的，表现出了墨色的浓淡层次。比胡正言稍早，1626 年，漳州人颜继祖请江宁人吴发祥刻印了《萝轩变古笺谱》，书中的彩图也是用饾版印刷出来的，有的画面也采用了拱花技艺。日本所藏的《殷氏笺谱》中也有拱花，时间也早于《十竹斋笺谱》。这意味着这两种印刷技术可能来自徽派刻工，在当时的一定范围内流传，但是胡正言的亲身参与和与刻工的严密合作极大地发挥了这两种技术的优势，促进了技术的发展。因此，到明代时，采用拱花的方式应该是笺的常见模式。在套印、饾版技术出现后，被用于笺的制作是完全可以想象的。

相对于宋代的做法，明代的创造是将拱花和饾版这两种方式结合起来，这体现了不同朝代的审美追求。同样以瓷器为例，宋代瓷器为单色瓷器，明代则出现了五彩。从技术发展角度来说，体现了陶瓷在色彩之路上的发展，从艺术的角度而言，这体现了两种不同的审美追求。宋笺或为单色或为拱花，对应的瓷器或为单色彩瓷或为素花纹瓷，明笺将拱花的素与饾版的多色结合起来，正如五彩对于多种色彩的追求一样。这体现了后发技术所具有的优势，从审美逻辑的角度来说，不同审美追求对于技术的选择与发展。从已知较早的

《萝轩变古笺谱》中所采用的饾版、拱花技术应用，和最广为人所知的《十竹斋画谱》《十竹斋笺谱》相对联系，是相同艺术追求对于相同技术的应用，但审美水平的不同和制作时的精致程度，使得二者表现出不同的艺术性。因此，郑振铎在《西谛书话》中赞扬道："余收集版画书二十年，于梦寐中所不能忘者惟彩色本《程君房墨苑》、胡曰

从《十竹斋笺谱》及初印本《十竹斋书画谱》等三伟著耳。"[1]《萝轩变古笺谱》刊印于明天启六年（1626），前有福建漳州颜继祖所作序，南京刻工吴发祥刻制完成。该笺谱分为上下两册，用黄锦纸印制，共有画笺 178 幅，其中饾版 116 幅，拱花 62 幅。"萝轩"是吴发祥的号，"变古"的意思据吴发祥自述，"我辈无趋今而畔古，亦不必是古而非今。今所有余，雕琢期返于朴，古所不足，神明总存乎人。"意思是不论古今择优创作。笺谱多采用白描技法表现，雕刻精致，设色淡雅，用重色烘染的很少。笺谱的题材清新脱俗，如画诗描绘的是"塔影入云藏"的诗文意境。所画的楼台亭阁、花鸟、鸣禽等都在画面的中心，题跋、印、诗、书、画相辉映。在印制时，有只使用拱花和将饾版与拱花相结合两种。

《十竹斋笺谱》成于崇祯十七年（1644），全书四卷，彩色套印，李于坚、李克恭作序，胡正言出资主持刻成。胡正言，子曰从，别号十竹主人，南明时曾官至中书舍人，入清后辞官，隐居于南京鸡笼山侧。他出资所刻的书有《六书正伪》《千文六书统要》《古今诗余醉》等，最有代表性的是《十竹斋画谱》和《十竹斋笺谱》。画谱收录明代作品，用饾版印成，接近于原作，供鉴赏和临摹使用。笺谱或者是单线平涂，或者是双勾，图案有文玩清供、楼台、文人逸事等。"凤子"部分里的蝴蝶用点、线画成，再用工笔双勾分染四个翅膀，"文佩"部分以单线平涂。笺谱中的拱花或者是先用墨色勾勒轮廓，然后压印，或者是先用淡彩描画器物轮廓，然后在未着色的地方压印，将这两种技法高度融合起来。

饾版之前的套色印刷有线版印刷、手工填色，还有一版一色、套版

① 郑振铎：《西谛书话》，北京：生活·读书·新知三联书店，2005 年。

线条印刷等方法，这些方法的不足是画面缺少浓淡变化。饾版技术是用生纸在纸湿的时候印刷，一版多色。

三、纸币

明代货币除银两和铜钱外，大量使用纸币，这些纸币被称作"宝钞"，洪武、永乐时期被称作"大明通行宝钞"。明初，南京设宝钞局专门负责印制纸币，工场中有各类工匠五百八十名，印制了大量纸币，从而造成了快速贬值。此后，经明中期至明后期，纸币发行时断时续，但一直没有达到过明初的规模。

明洪武七年（1374），朱元璋在南京设立宝钞提举司，下设钞纸和印钞两个局和宝钞、行用两个库。洪武八年（1375）起开始印制纸币"大明通行宝钞"（图 6.28），面值分一百文、二百文、三百文、四百文、五百文和一贯钱，六种面值，洪武十八年（1385）加印十文至五十

图 6.28　大明通行宝钞一贯的铜版与印后票面

文的小钞，每贯等于一千文或白银一两，四贯为黄金一两。一贯的大明宝钞下有"户部奏准印造"，票面样式与元类似，为竖长方形，高一尺，宽六寸，周边为龙纹，上方横书"大明通行宝钞"，中部为面额"壹贯"大字，下面是十串铸钱的图案，两侧是"大明宝钞，通行天下"的篆字，下部楷书"户部奏准印造大明宝钞，与制钱通行使用。伪造者斩，告捕者赏银贰佰伍拾两，扔给犯人财产，洪武年月日。"印刷出来的纸币上再加盖两个"宝钞提举司印"，进一步增加安全性。

第七章

清代印刷设计

第一节　清代印刷设计概况

　　清王朝于公元 1616 年建立，清代印刷业在明代印刷业的基础上有所革新，印刷设计上呈现出更新与发展的面貌。

　　清代初期，宫廷中保留明经厂的刻印力量，在此基础上逐渐形成清代宫廷自身的刻印系统。清代是中国传统印刷的集大成时期，形成了"从中央到地方，从作坊到民间"的印刷与出版行业版图，继承并进一步发展了自宋朝以来的官刻、家刻与坊刻三大刻印系统。不同于明代中国出版业的地理与政治文化格局，北京发展为清代雕版刻印书籍的中心，除此之外，南京、苏州、杭州、扬州等地也有兴盛的印刷业，福建在雕版刻印领域的重要性衰落下来，国内出版业的地域分布与各地政治经济与文化地位的发展演变密切相关。

　　一方面，清代的官方刻书极其兴盛。自清朝初年，清朝宫廷在悉数接收明代皇室藏书的基础上收集整理古代典籍。康熙年间，清廷开设了武英殿书局，由此而逐渐发展形成了系统完备的皇家刻印管理与印制机构，在清康熙、雍正、乾隆三朝达到了鼎盛之态势，以殿本书的刻印与装帧为典型的皇家印刷设计成为清代极具代表性的印刷设计成就。清代官方的印刷设计系统还包括了全国各地衙署、官书局、书院等诸多机构，官书局以江南织造曹寅所主持设立的扬州书局为代表，书院刻书则有福建巡抚张伯行创建的鳌峰书院刻印的《正谊堂丛书》

中国印刷设计史

等，修编刊刻地域性丛书、地方志等重要文献，是官方刻印系统的重要组成部分。以殿本书的选材与装帧为典型，清代书籍装帧在历代书籍装帧技艺的基础上形成了丰富的面貌。清代以包背装和线装为主要书装形式，线装书便于翻阅且不易破散，在审美上又庄重而典雅，成为清代书籍装帧的主流样式。除此之外，还有卷轴装、经折装、梵夹装、蝴蝶装等多样的装帧形式，书籍的内容与装帧形式相得益彰。为保护柔软的书本，装盛书籍的函套、书箱、书匣等相关装饰与保护部件的设计也有了进一步的发展，采用不同的原料根据不同使用者的需求来设计。

另一方面，清朝早期为巩固统治而严厉管制文化思想，朝代更迭的战乱与文字狱对民间出版造成了严重破坏，直至朝政稳定后，民间印刷作坊与私家刻印书籍又重新展现出繁荣的局面，图书在民间的广泛流通进一步促进了坊刻的体系化发展。民间刻书注重质量，在书籍审美形态上呈现出一定的地域性与时代特色。与此同时，活字印刷技术有了进一步的发展，在规模与效率上均有所发展，印刷物在种类、数量与质量上均达到了新的高度。图书印刷的标准与规范也逐渐形成，形成印刷字体、开本、版式的设计规范。以年画为代表的雕版彩色印刷在全国各地得到普及和流行，图像印刷领域呈现出生动而丰富的面貌。

中国出版业的技术选择与刻印图书的专业性问题密切相关。清代与历朝的情况较为近似，由于大多数的出版行为都不是以营利为目的，无论是官方还是民间，三大刻印系统中大批量刻印的书籍仍是儒家经典。因而，雕版印刷仍长时期占据清代印刷出版技术的主流地位。

在传统雕版印刷的主流之外，清代的活字版印刷也在继承历朝印刷与造字技艺的基础上向前推进。清代的印刷字体也进一步规范化与丰富化，大致可分为手写体（也称软体字，以楷体字为主流）与印刷体（主要为宋体字）两类，活字本排印时更多地选用印刷体字形造字排印。清代的本土活字印刷仍处于手工制作阶段。官刻系统中以武英殿的铜活字和木活字的研制发展最为显著，成为官方书局、书院与民间书坊追随进行印刷设计实践的楷模。民间书坊开展的活字印刷实践探索中，在金属活字、瓷、泥活字以及木活字等领域也有不少成果显著的探索。清代的活字本以光绪本为最多，道光、咸丰、同治年间的活字本次之，乾隆、嘉庆本又次之，内容广泛。①由于制作工艺的限制，各式活字的个头普遍较大，活版印刷时的排版工序较雕版更为复杂，包括了造字、排字、拼版、印刷等多道工序，有时会出现错排或漏排的情况，如版面中出现某个活字颠倒或横排等情况，此类错漏时有发生。活字本版面的边栏相对松散，经常出现粗细不均的边线，在边栏的四角接口处容易出现缺口，活字版的版心鱼尾与两边行线经常有分离的现象。内府印刷对于版面质量要求严格，如武英殿聚珍版为了避免边栏交接处出现缺口，便通过套版的方式来达到严密的框排。民间活字版的排印品质相对更为参差。

　　人作为劳动力因素，在印刷的创作实践、具体操作技艺及程序等各式活动中起重要作用。写字工、刻工、印工、装订工是印刷活动的直接参与者，但其社会地位与收入低下，再加上文字狱等社会文化环境，写字工、刻工、印工、装订工的姓名都难以查证，很少有人在印刷物上留存姓名。在清代图书与版画插图的印刷设计中，除去在行业中声名

---

① 张秀民著，韩琦增订：《中国印刷史（上）插图珍藏增订版》，杭州：浙江古籍出版社，2006年10月版。

显赫的小部分集撰者、书写者、画师、刻工之外，大部分民间印刷物的创作者与制作者已难以考证。

清代也是传统印刷技术与现代印刷技术接替与过渡的特殊时期。西方铜版画印刷技术最早由传教士将相关技术传入清代宫廷，在后续发展中培养了中国本土的技术人员。清代末年，西方现代印刷技术在西方枪炮的裹挟下传入中国，在通商口岸城市率先登录，石印、铅活字印刷技术对传统印刷技术形成极大的冲击。道光年间，西方现代印刷技术开始传入中国，雕版印刷在清代经历了由极盛至衰落的过程。在近现代时期的中国印刷出版领域中，上海地区印刷产业的重要性显著提升。自 19 世纪末以来，随着西方现代印刷技术的传入，上海迅速跃升为全国印刷出版的新中心。

第二节　清代官方印刷设计

一、武英殿的图书刻印

康熙十九年（1680），清朝在紫禁城西南角设立了武英殿修书处，隶属内务府营造司，负责刊印"皇家、内府、御制、钦定"的各种书籍的雕版、印刷与装潢等事项。武英殿修书处的成立，有利于强化中央对于图书事业的控制，形成完善的宫廷印刷设计管理制度，成为清代历朝的皇家出版中心。

武英殿修书处设立后，清代宫廷逐步建立起完善的修书与刻书体制，成为清代内府的刻印中心，在传承明经厂雕刻技艺的基础上，发展出清朝内府在出版与印刷设计领域的独特面貌。

武英殿修书处下设监造处与校对书籍处（图 7.1），监造处下设各式刷印、存档及监管等部门，聚集了国内工艺精湛的刻印工匠，校对书籍处则专职校正、刊修书籍，由博学的翰林在此处供职，由于编辑人员所具备的高学识与高素质，使清代内府本比明代内府图书具有更高的品质。武英殿的规模随着清朝统治的巩固而不断扩大，在康熙、雍正、乾隆三朝，武英殿刻印的书籍在数量与品质上均达到了顶峰，在中国历朝历代书籍出版印刷历史上无有出其右者。

根据《故宫殿本书库现存书目》中的数据统计，清代共经历了十三朝，各种内府和殿本书总数为 520 种，52926 卷。其中，康熙、雍正、乾隆三朝刊刻图书数量达 436 种，占刻书总数的 83.8%，呈现为武英殿修刻书籍最为兴盛的时期，出书图书的品种之多，校阅与刻印的质量之精，超过了历史上的任何时代。[1]

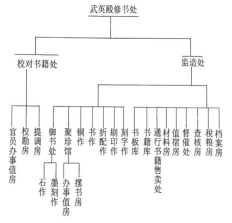

图 7.1　武英殿修书处机构设置图　图表来源：
《中国印刷发展史图鉴》第 431 页

---

① 曲德森主编：《中国印刷发展史图鉴（下）》，太原：山西教育出版社，2013 年，第 433 页。

（一）武英殿的雕版图书

武英殿的刻印书籍被称为殿本书（殿版书），在清代历朝均具有不同特点。康熙朝为武英殿的初建阶段，经历从初创到形成刻写风格的过程，《古文渊鉴》《周易本义》《御撰朱子全书》《御选唐诗》《御制耕织图》《万寿盛典初集》《御制避暑山庄诗图》等书籍的写、刻、印、制均精，称为"康版"。顺治朝和康熙朝武英殿以满文为代表的民族文图书，在刻写与印制上均以精美著称。

《康熙字典》是中国第一部以"字典"命名的工具书（图 7.2）。该字典所收集汉字的数量与体例极为庞大，以十二地支为集，每集分上中下三卷，共三十六卷。《康熙字典》的扉页以"康熙字典"为视觉

图 7.2　清康熙内府刻本《康熙字典》康熙五十五年（1716）

中心，周围刻有左右对称的龙纹图案，体现殿本书的威严与精美。内页版面为白口，四周双边，单鱼尾，版面的行款体例为半页八行，大字不等，小字双行，每行二十四字。

《分类字锦》则是康熙朝出版的分类与体例最为详细的类书（图7.3、图7.4）。康熙六十一年（1722），何焯、陈鹏年等人等奉敕纂辑《分类字锦》，荟萃了从经史子集与说部诸书中所搜集整理的华丽辞藻，共六十四卷，搜集宏富。《分类字锦》的版式设计在内府刻本中有其代表性，内页版框为 18.8cm×12.5cm，四周双边，选用宋体字形进行刊刻。

图 7.3　清康熙内府刻本《分类字锦》康熙六十一年

图 7.4　清康熙内府刻本《分类字锦》六十四卷 康熙六十一年

顺治朝和康熙朝武英殿以满文为代表的民族文图书，刻写均十分精美。汉文本的版式，活字版采用宋体字，而雕版刻本图书则大多选取欧、赵字体与时兴的馆阁体，手书上版，典雅端正。在书籍装帧方面以包背装和线装为主。

清代雍正朝年间，武英殿的刻印规模得到进一步发展，刻印殿版书共有 72 种，其中雕版与活字版图书均有新特色，选用的刻印字体端庄方正，刀法上精准匀整，以《硃批谕旨》《上谕内阁》《子史精华》《骈字类编》等为典型。这一时期，清廷还刻印了体制宏大的《龙藏》，这项规模庞大的佛教经典刻印工程一直持续到乾隆三年（1738）才彻底完成，致力于打造刊刻精美的传世范本。

乾隆时期是武英殿刻书业最为繁盛的时期，皇家印书达到极盛的巅峰，出版图书种类最多，刊刻与印工都有极高水平，如《十三经注疏》《二十一史》《明史》《大清一统志》《大清会典》《文献通考》

《清通典》等。这一时期还刻印了佛教《汉文大藏经》《满文大藏经》等重要佛教经典文献。

（二）武英殿的活字版图书

在雍正朝，清代内府在铜活字印刷方面也有重大成就，采用铜活字刻印了卷帙浩繁的《古今图书集成》，是历史上规模最大的铜活字图书刻印工程。《古今图书集成》是中国古代规模最大的一部类书，被西方学者称为"康熙百科全书"，这是中国历史上体量最宏大的殿本书出版工程。康熙帝命皇三子诚亲王胤祉主持编辑《古今图书集成》，由大学者陈梦雷历时五年完成实际编辑工作，雍正帝继位后陈梦雷被贬谪，此部书经由蒋廷锡修订后，在雍正六年（1728）刷印成书 64 部，文字由铜活字排印，图画则采用雕版刻印。每部 5020 册，装 522 函, 有开化纸与太史连纸两种印本。①《古今图书集成》全集分为 6 编 32 典 6009 部, 6 编为历象编、方舆编、明伦编、博物编、理学编、经济编, 编下分典, 典下分部, 具有很高的史料价值。《钦定古今图书集成》是清代内府采用铜活字印制的第一部图书, 陈梦雷亲自参与了铜活字的制作过程, 据学者考证, 整套铜活字应有约 25 万个, 由刻工手工刻制, 刻制工程极为浩繁艰难。铜活字分大小两种字号, 正文用 1 厘米见方的大字号, 注文则用仅为大字一半的小字号。内页版式为半页 9 行, 每行均划行线, 每行 20 字, 四周饰有双栏边线, 白口, 采用线鱼尾。②整套图书印刷与装帧均呈现出精良且典雅的品质。(图 7.5) 由于金属与木版相比更为坚硬难刻, 当时刻铜活字的工人工价比刻木版的工人要高数倍。由于铜产减少, 这批铜字在乾隆九年被改铸为铜钱, 未能留存实在可惜。

图 7.5　《钦定古今图书集成》　雍正六年

---

① 刘鹤云著:《刘鹤云文集》, 武汉: 华中师范大学出版社, 2014 年, 第 364 页。
② 翁连溪:《清代内府刻书研究(下)》, 北京: 故宫出版社, 2013 年, 第 363 页。

金属活字印书在明代趋于鼎盛，然而，到了清代初年，因铜产开采减少而使铜活字制作渐趋衰落。木活字的制作与应用则有所扩大与普及。清代初期直至乾隆年间，木活字印刷在各地应用均更为广泛，在内府刻书中也有广泛应用，以乾隆朝的木活字刻印工程的规模最为浩大，依托"聚珍版"木活字的《武英殿聚珍版丛书》是活字版印刷设计的里程碑。乾隆年间，总管内务府的大臣金简兼为管理武英殿刻书事务，他以《史记》的印刷为例，在权衡雕版印刷与活字印刷的成本之后，向乾隆皇帝提议刻写一副木活字，可以方便地排印各种图书。这一举措获得乾隆帝的支持后，金简率领武英殿众刻工于乾隆三十九年（1774）刻成大小枣木字 25 万余个，实用银 1749 两，连同备用木子、楠木摆字槽板、夹条、字柜等共计实用银 2339 两。①这套枣木活字规模大，字数多，在元代王祯的转轮排字盘检字的基础上改进为字柜，方便检索提取所用活字。武英殿先后印成《武英殿聚珍版丛书》139 种，共计 2389 卷。②此项由皇家主持、采用木活字版印制书籍的工程，在中国历史上仅有此一次，历时近 20 年，至乾隆五十五年（1790）全部排印完成。乾隆帝亲自将木活字版定名为"聚珍版"，运用此套活字印成图书统称为《武英殿聚珍版丛书》。

《武英殿聚珍版丛书》根据不同的用途采用两种不同纸张材料进行印刷，一种版本为皇家各处使用，采用连史纸，装帧精美，刷印 20 部，一种为各地定价流通版本，采用竹纸进行印刷，刷印 300 部。

乾隆朝的殿本书中，接近半数的图书都由"聚珍版"木活字排版

① 曲德森主编：《中国印刷发展史图鉴（下）》，太原：山西教育出版社，2013 年，第 442 页。
② 张秀民著，韩琦增订：《中国印刷史（上）　插图珍藏增订版》，杭州：浙江古籍出版社，2006 年，第 590 页。

印刷。乾隆四十一年（1776），金简将此次印制丛书的经验加以总结，并在此基础上配绘插图，写成《钦定武英殿聚珍版程式》（图 7.6），经乾隆帝批准后在全国发行，这一举措在中国活字印刷史上具有重要价值。《钦定武英殿聚珍版程式》对于木活字印刷的具体注意事项与操作程序都有详细的讲解说明，介绍以清代内府为标准的木活字印刷的工艺技术，以及内府本印刷设计的排版标准。各地官府、书坊中，多有按该书的工艺标准刻印木活字版图书的做法，影响广泛。

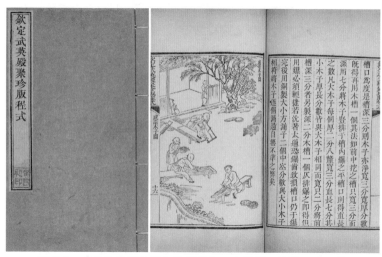

图 7.6 《钦定武英殿聚珍版程式》 金简撰 乾隆四十一年

《武英殿聚珍版丛书》从清廷颁发到东南五省，然而，当各省在进一步翻刻丛书时，仍采用雕本而非活字本。活字的优点是拼版自由且效率更高，在印制大型典籍、文集和类书时，优势明显，速度快，但是，由于当时没有纸型，活字本印完便拆散版面，重组重用版面中的活字，由于活字版每次印刷数量较少，重组版面耗费时力，因而不比雕版可长久保存翻印。因此，到了考虑书籍再版时，活字印刷便没有雕版有优势了。从当时活字版的刻印技术来看，与之相比，雕版版面中的错误较少，字体排列上更为整齐和美观。

这批"聚珍版"木活字后来的命运也令人唏嘘，后来长期贮藏于武英殿之中，未能得到充分利用，最终竟被卫兵用于烤火取暖。同治八年（1869），这批木活字因武英殿失火而损毁殆尽，实是可惜。

（三）武英殿的套印本图书

清代内府的彩色套印本图书继承了明代内府的彩色套印技术，在刻印制作工艺上追求精刻精印，选用的刻印材料均十分考究。

《御制避暑山庄诗》（图7.7）则是清代内府套印本的典型，刊刻于康熙五十一年（1712）。内页版式为白口，单鱼尾，行款为半页六行，每行字数不等。小字十二行，每行二十字，由宫廷画家沈喻绘制插图。

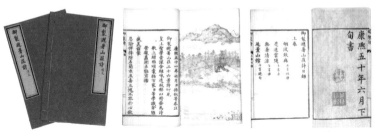

图 7.7 　《御制避暑山庄诗》　清代内府刻本　康熙书　沈喻画
康熙五十一年

乾隆朝的彩色套印书籍、版画 插图也有很高的水准。五色套印的《劝善金科》是其中最具代表性的图书，集撰了清代宫廷每年演出的节令戏本，共 20 卷 240 出，分装为二函 21 册。该本以红、蓝、绿、黄、黑五色套印完成，各色刷印文字均有特定指涉与意义。如戏目使用单行大绿色，宫调则使用双行小绿字，曲牌名用单行大黄色，科文与服色则用小红字旁写，曲文用单行大黑字，韵白则用小黑字旁写。[①]套印色彩虽多但极为精准，色彩鲜明且有很强的协调感。内页版式为半页 8 行，每行 21 字（抬头至 22 字），白口，周围双边，版式清雅端正。（图 7.8）

图 7.8 《劝善金科》二十卷首一卷 乾隆年间 图片来源：《清代内府刻书图录》

武英殿多色套印的图书，套印精准，制作精良，雕刻精细，用色纯正。大多数套印图书为朱墨二色套印，《御制避暑山庄三十六景诗》《御选唐诗》《钦定词谱》《御制盛京赋》《圆明园四十景诗》等。除此之外，还有少数图书为四色套印本，如《御选唐宋诗醇》。五色套印本则有《劝善金科》《御制古文渊鉴》。之前各朝代的多色套印皆为雕版所作，清朝在此基础上发展形成了活字版套印技术，活字版套印本为清朝独有，如《御制律吕正义》《万寿乐章》《诗经乐谱》《乐律正俗》四种。

（四）内府本图书的选材与装帧

武英殿刻印的内府本图书在使用材料、雕刻技艺、装帧技艺上都呈现出精益求精的追求，在审美趣味上则强调端庄典型与皇家风范。刻书所用雕版木料、纸张、油墨、颜料都为上乘之物料，如上等的开化纸与榜纸，包裱装帧选用的材质与色彩均有严格的等级与象征意义的属性。

---

① 翁连溪：《清代内府刻书研究（下）》，北京：故宫出版社，2013 年，第 181 页。

清代内府本图书的装帧具有其典型性。在内府本图书装帧上的形式既与皇家审美相符，同时使书籍的内容与装帧形式相得益彰。图书开本的设置相对灵活，根据不同的内容、阅读对象与阅读需求而分为大、中、小三类开本。在材质上，呈览本、陈设本、赏赐本、通行本等不同用途的各类图书，其刷印所用纸墨与装裱材质均有相关规定，而在色彩多以黄色、红色、深蓝色为主流，色彩明度与饱和度高，这几种色彩更能显示皇家图书的威严与庄重之感，其中内容偏学术与思想的著作则用石青色书衣，时称"石青杭细面"。根据图书内容选定色彩与其他相关联的装饰元素。内府本图书封面多选用锦缎等华贵材料，书衣选用的质地有绫（为主）、绢、缎、绸等丝织品和榜纸、笺纸等，并在成套图书外面附加上材质考究、工艺精美的书箱、书盒、书套、书匣、夹袱等，在制作上各尽巧思精工，使图书更为美观，同时得到更好的保护。

清代图书以包背装和线装为主要书装形式，同时还根据不同的图书内容与要求，应用了卷轴装、经折装、梵夹装、蝴蝶装、推蓬装、毛订等丰富多样的装帧形式。清代的政府官书多采用包背装，如乾隆年间修编的《钦定四库全书》，整套图书的装帧便极为讲究，选用上等开化纸缮写，封面为绢面材质，乾隆帝指示在经、史、子、集四部应依照春、夏、秋、冬四季来进行图书装潢，于是便采用葵绿、红色、蓝色、灰褐色四种不同颜色的书皮来象征季节的特征，并对图书加以精细装裱。南三阁之书与北四阁之书稍有差别，经、史两部不变，而前者的子部为玉色，集部为藕荷色，仍不离取法春夏秋冬四季的初衷。①清

① 资料来源：故宫博物院官网对《四库全书》的介绍。网址：https://www.dpm.org.cn/ancient/mingqing/181019.html.

第七章 清代印刷设计

代宫廷的毛装书也占有一定的比例。毛装即指毛边书，此种图书形式对于纸张边缘未做裁切，造成参差不齐的未完成感。毛装本拆装方便灵活，可进行再次装帧修整。如武英殿刻书便常以毛装本形式发送各王府、功臣与大吏，得书之人根据其地位与喜好再装配不同质地的封皮。在民间，文人学者的手稿也多用毛装本的形式，便于编辑装订。毛装作为一种有待进一步加工的装帧形式，既有其自身不修边幅的独特美感，同时也为个性化的图书装帧保留了一定的制作空间。卷轴装多用于书画手卷装帧，以《乾隆御笔心经》为典型；经折装多用于帝王、名臣的手抄经文装帧，以《龙藏》为典型，梵夹装来源于印度贝叶经的装帧方式，在武英殿刻印经书的装帧时有所使用。内府本刻印图书在书签及书角装饰设计上也极为精细华美。内府刻印书籍在书衣、夹袱、夹板、函套上多有雕印龙、凤为主的祥瑞图案作为装饰。

清代的宫廷印刷字体承袭了明经厂的字体风格。康熙年间，形成三种宫廷印书字体，一为官方通用的馆阁体楷书（康乾二帝推崇董其昌和赵孟頫，在其字体风格之上形成清代馆阁体的书风）；二为擅长书法的大臣亲手写版刻书（清代宫廷刻书的特色，称为软体字，皇帝的字迹也刻印到书籍之中）；三为明代兴起的宋体字（清代宫廷首次承认了这种专为印刷而设计的字体，武英殿的铜活字为宋体字）。殿本书在印刷字体的选择上，以选用娟秀而规范的楷书字体为主流，在清代宫廷文化的影响下发展为"馆阁体"的印刷字体潮流。在刻印技艺上，殿本书兼容应用了雕版、活字版、套色版等多种不同的印刷方式，刊刻技艺极为精细，刻印管理中各程序与相关环节均严密规整。

自乾隆以后，如同清朝的国运一般，武英殿刊刻印刷书籍的情况也由盛转衰，开始走下坡路。嘉庆初年，续修几部大书之后，武英殿编印的书籍在数量上和质量上大都不如从前。咸丰年间，武英殿基本停工，同治八年武英殿失火，殿内各种书版、木活字、印刷材料和所藏图书几尽烧毁，再无刻书活动。光绪年间，清朝引进石版印刷和铅活字印刷技术，光绪三十二年（1906），清政府设立图书编译局，武英殿修书处名存实亡。

　　总体上看，武英殿修书处作为清代最高规格的官方印刷机构，该机构所刻印的图书典籍代表了清代官方文化曾经达到的高度，体现了清政府对学术的推重与文化思想的宣传，也体现了清代宫廷在图书印刷设计领域的刻印标准与审美趣味。

二、政令、历书与钱钞的印刷设计

　　清朝初建时期，清朝宫廷中的内务府负责图书碑刻等事务，所刻印的书籍被称为"内府本"或"内板"。顺治年间，朝廷所印制的雕版汉文书籍，基本仍沿袭了明经厂的刻印风格，效仿明经厂本的大字宽栏的图文样式。

　　顺治元年（1644），为安定国情并进一步宣传新王朝的方针政策，清政府令明经厂刻工刻印《安民告示》，这是现存清代内府（也是中国古代）整幅版面最大的雕版印刷品。（图 7.9）研究者认为《安民告示》版面四周的装饰龙纹经过多块雕版拼接刷印而成，而版心则由

图 7.9　《安民告示》　顺治元年

竖条文字雕版拼组刷印而成，形成和谐联结的整体视觉效果。[①]

顺治三年（1646），明经厂修刻并印制《大清律》，这是清朝最早的内府刻本。

中国历朝历代的皇家享有印制中国历书的特权，民间私印历书则为不法行为。清代的历书也由皇家印发，由钦天监负责，历书大多以雕版印刷制成。然而，由于历书在民间需求量极大，历书印制有利可图，因此导致民间私印历书屡禁不止。清代民间流行的历书时称《万年历》，经由皇帝御定后为《御定万年历》。万年历一直沿用至今天，民国时期引入西元纪年后，双历并行。

历史上的每一次朝代更替都会促成新一轮的钱币设计与印刷活动。清朝初年所铸的铜钱仍沿袭明朝旧制，但对于币制、钱式和铸钱方面有所革新。

清代的纸钞并不流行，仅在顺治年间与咸丰年间曾发行过一段时间的纸钞，到了光绪与宣统年间，则印制银行兑换券和各式钞券。清代由户部印制、发行和管理纸钞，顺治八年（1651），清政府在北京印制"顺治钞贯"纸币，每年发行 12 万余贯，直至顺治十八年（1661）废止。

咸丰三年（1853），清政府为解决财政困难问题，印制了户部官票，与银钱等价兑换。（图 7.10）户部官票采用桑皮纸印制，四周饰龙纹边框，额题"户部官票"采用两种文字，左为满文，右为汉文，花纹字画均为蓝色，银数则用墨印或临时填写。户部官票先后发行了两版，第 2 版比第 1 版在框外左侧多印了"每两比库平少六分"的文字信息。票面还加盖了地名、"粮台"等印章，以表明该官票的使用地域与使用机构。整体的票面信息分布清晰有序，符合传统版面的阅读习惯。

---

① 翁连溪：《清代内府刻书研究（上）》，北京：故宫出版社，2013 年，第 28 页。

咸丰四年（1854），清政府还印制和发行了"大清宝钞"，大清宝钞上所印的花纹字画均为蓝色，银数则用墨印或临时填写。大清宝钞两千文可换户部官银一两。大清宝钞票面上部为嵌于圆形白底的 "大清宝钞"四字，周围饰有祥云图案，票面信息四周饰框的图案与纹样紧密衔接，上框饰有龙纹，下框饰有江水纹，左右框分列"均平出入"与"天下通行"各四字，字周为圆形白底，下衬祥云纹图案，整体票面规整周正，显出官方发行的权威感。（图 7.11）

　　这两种纸钞随着清朝国家经济的衰退而价格低落，最终无法兑现，到咸丰十一年（1861）停止发行，同治年间废除使用。

图 7.10　户部官票十两　　图 7.11　大清宝钞百千文
　　　　咸丰三年　　　　　　　　咸丰四年

三、地方政府刻书的印刷设计

　　清朝各地方政府也形成了官方刻印书籍的惯例，各地由政府管理的官书局与创办的书院是地方刻书的重要力量。官书局是清代独具特色的文化出版机构，这类官方出版机构与地方政府间有密切的关联性，综合了编辑、印刷、发行等多项功能，各地书局出版的图书被称为"书局本"（也称为"局本书"）。各地官书局图书出版管理制度与图书的印刷设计上也形成一定的地方特色。

康熙年间，两淮盐政兼江宁织造的曹寅所主持刻印的《全唐诗》为最早的清代官方书局刊刻本，该刻本被称为"扬州书局本"。由于扬州书局所出图书需经皇帝钦定，因此"扬州书局本"也称为内府刻本。《全唐诗》采用软字进行刊刻，字体更接近书法体，端庄典雅，整体版面雅正秀美，成为扬州书局本的典范。（图 7.12、图 7.13）

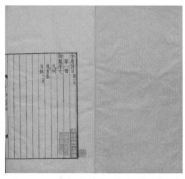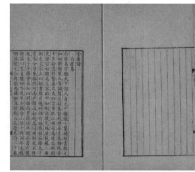

图 7.12 《全唐诗》题名页 扬州 书局刻本 清代

图 7.13 《全唐诗》之《白居易小传》 扬州书局刻本 清代

同治二年（1863），曾国藩创办了金陵书局，成为清代第一个由地方设立的官方出版机构，称为"官书局"。金陵书局中由戴望、张文虎等学者供职校刊图书，刻印的图书有曾国藩捐助出版的《王船山遗书》《史记集解》《文选》和四书五经等。

继金陵书局在刊刻书籍上取得重大成效后，清代后期，各省都设立了官方的出版机构，皆称为"官书局"。各地官书局以刊印钦定、御纂的图书为主要任务，如浙江官书局、苏州书局、广州广雅书局、湖北崇文书局、福州书局、天津直隶书局等，各地官书局刻印书籍种类约有1000种。

其中，浙江官书局在各地方政府刻书活动中居于首位，所刻印书籍数量最多、质量精美。清代名宿薛时雨、孙衣言、俞樾等人曾在此供职编辑校刊书籍，浙江官书局最盛时集结了刻工一百余人，刊刻图书时，审校流程精细化，严格的出版标准使刊刻图书的错讹之处甚至比殿本书更少，为了解清代官方出版设计规范提供了重要范本。

各地官书局除独立出版图书之外，在官书局之间也有一些合作的大型刊刻项目。例如，最早由时任浙江巡抚的李瀚章发起倡议，后经由湖广总督李鸿章奏请批准，俞樾多方筹措斡旋，最终由金陵、苏州、淮南、浙江、湖北五地官书局分刻完成的《二十四史》，便是一个由多地的官书局合作完成的典型案例，既保证了大型套系图书的经费支持，还有效提升了刊刻印行的效率。这套丛书由名家校对勘正，具有很高的刻印质量。在版式、行数、字数等刊刻体例上以汲古阁所刻《十七史》为底本，在借鉴多部刊刻佳作的形制的基础上，形成自身的刊刻标准与刻印风格。

各地官书局的运营目标并不在于营利，而是重在"刻书传世，提倡风雅"，通过图书出版来传承文化与实现社会教化。因此，官书局在刊刻图书的质量上有很好保证。而且，官书局的刊本价格平实，各地购书踊跃，是官方普及文化知识的有效途径。

除此之外，各地由政府创办的书院也印刷书籍，书院出版形成了官书局之外的地方出版系统。康熙年间，书院最为繁盛。这些书院与官书局一起，同属于清朝政府的官方印刷出版系统，清代各省书院共有 781 处，所刻刻图书也形成一定的特色。

康熙年间，紫阳书院刻印《文嬉堂书集》，乾隆五十五年（1790）又用木活字印刷《婺源山水游记》。各省均有刻印书籍的书院，如湖南岳麓书院、建阳同文书院、昆明育才书院、广东曲江书院、四川尊经书院等，南菁书院、两湖书院、格致书院等机构，成立时间虽较晚，但其所印书籍数量却比其他书院更多，这些书院作为新式教育的提倡者，往往通过图书出版来提倡新学。

格致书院于同治十三年（1874）由传教士傅兰雅与徐寿等人在上海创办，是一所结合中国传统书院特色而创办的教会学校。傅兰雅主办科学刊物《格致汇编》（前身为《中西见闻录》），成为最早在中国传播西方科学技术的重要阵地。《格致汇编》通过插图与通俗的说明文字介绍西方的科技与工艺，采用铅字排版印刷文字和金属版印刷插图，已经具备近代期刊的基本形态。

多色套印的技法在清代进一步发展成熟，各地官书局与书院在套色印刷上也涌现出不少精品。时任两广总督的卢坤在道光十四年（1834）刊刻的《杜工部集》采用六色套印，为中国古代套色最多的彩印刻本。该书用墨色刊印正文，用紫、绿、黄、蓝、红等色刊印眉批、注、标点等。

第三节　清代民间图书印刷设计

明末清初，朝代更迭导致各地频繁出现战争与动乱，社会动荡使中国民间的印刷行业受到极大破坏，南京、杭州、建阳等原先在明代印刷业较繁盛的城市所受战争的破坏更为严重。清代初期的文字狱也影响了民间印刷的复苏，导致清代早期的印刷物在刊印内容上较为单一。直到清代中期，朝政趋于稳定后，民间的印刷业才迎来繁荣与发展的时期，在地域经济发展的基础上形成新的印刷业聚集地区，印刷物的数量大大增加，除了经、史、子、集等内容之外，小说和戏曲等门类也被大量印刷，一直延续到清朝后期。

清代民间图书的印刷字体以宋体字为主流。宋体字由于刻写效率高而大为普及。除此之外，名家手写刻版的图书也在坊间有一定的声誉，如郑板桥的《板桥词钞》，福建藏书家林佶主持刻印的名人文集"林四种"等，其中金农的《冬心先生集》与《冬心先生续集》，续集自序为西泠八家之一丁敬手写，刻工为浙中名匠陈又民，字体、刀法、版式、用纸皆有独到之处。

私家刻书与作坊刻书为清代民间雕版刻书的两大部分。江浙一带为早期印刷业最为发达的地区，随后北京坊刻也迅速发展起来。到了乾隆朝以后，江西、广东等地的印刷业也发展起来，形成一定的产业规模。

一、私家刻书的印刷设计

清代私家刻书的风气十分浓郁，深受清政府倡导刻印书籍的号召所影响，而"殿本"与"书局本"则为民间刻印图书提供了很好的印刷设计范例。

士大夫阶层对刻印书籍的提倡进一步推动了民间刻印图书的风潮。许多官员与文人均将书籍刻印的工作视为有益于社会文化与思想发展的重大事业，慷慨出资编印书籍者大有其人。私家刻印书籍的动机各不相同，而刊刻图书的内容更是丰富多元，大致可分为以下几种：一是刻印和传承古代典籍，如张之洞认为刊印古代文献有益于社会文化传承，许多文人刊印古代典籍以传给后代；二是官员与文人刻印自身著作，期望通过著述实现扬名传世的宏愿；三是刊印学术研究的专门图书，例如明代的遗忠与远离政治者，以钻研学术为人生寄托，通过刻印图书实现学术思想的传播。

个人著作与前贤诗文集的刊刻在清代各地均有流行。个人诗文集为清代私家刊刻书籍的主要内容，由于选用的纸张与印墨均很讲究，此类图书多为私家刻本中的精品，也被称为"精刻本"。清代的许多著名学者均出资刊印自己的著作，如王士禛、沈德潜、林佶、顾广圻等人。许多官员也都刻印前贤诗文和自身诗文著作，如年羹尧、张士范等。

乾隆年间，平湖陆烜（字梅谷）刻印自著诗文《梅谷十种书》，由其爱妾沈彩手写上版，沈彩所书的小楷柔美秀丽，请吴越镌刻高手李东莱、汤良士、程应寿、杨士尊等刻工执刀。该本为印刷设计史上少有的夫妻合作，而且是由女子书写版面并付诸刊刻的特例，整体版面呈现出清雅秀丽的风格。（图 7.14）

乾隆年间，书画鉴赏家陆时化编撰《吴越所见书画录》为作者记述生平游历、收集与鉴赏中国古代书画艺术的经验与心得之作，是私

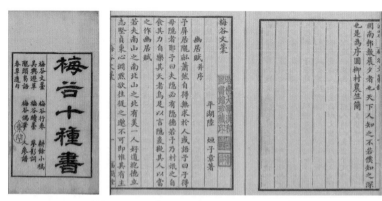

图 7.14 《梅谷十种书》 陆烜撰 沈彩手书 清代乾隆年间

家刻印的文人著述精品。该本由陆时化手书上版，苏州名刻汤士超刻版，书写与镌刻俱极为精到。

清代森严的政治环境也使许多学者从政治建言转向了考据与校勘类丛书的编撰之事。随着考据、校勘、辑佚学等相关领域的兴起，藏书家与校勘学家辑刻丛书、佚书，在影摹校勘旧版书的基础上印制新书。

乾隆、嘉庆年间，私家刊刻中兴起了翻刻和仿刻宋代图书刊刻本的热潮。一些经过精严审校与精心雕刻的古籍摹本，与古书几乎毫无差别。"翻宋、仿宋"的图书刻印事迹，在清代书籍印刷设计上也掀起了一股复古的审美与设计风潮。在典籍丛书的编撰上，则有纳兰信德辑校付印的经籍丛书《通志堂经解》、马国翰的《玉函山房辑佚书》、孙星衍的《平津馆丛书》、王夫子自著丛书《船山遗书》等，呈现出师古与复古的集撰与刻印风貌。

鲍廷博、黄丕烈等清代藏书家也为民间图书刻印树立了审美与品质的标杆。鲍廷博是徽州大藏书家，以"知不足斋"为堂号，资助赵起杲刊刻了蒲松龄《聊斋志异》初本（青柯亭刻本），使《聊斋志异》实现了从抄本向刻本的转变，促进了该书的流传。《聊斋志异》初本为线装本，全套共两函 16 册，选用的印刷材料颇为考究，纸质均净，墨色均匀，雕刻与刷印技术精湛。黄丕烈以"士礼居"为室名，自己手写上版，辑刻《士礼居丛书》。清代元和（今江苏苏州）人顾广圻以"思室斋"为室名，著有《思室斋集》，由顾广圻手校刻印的宋元本书，也皆为精刻本。藏书家张海鹏以"存亡继绝"为己之重责大任，在明代万历年间胡震亨辑刻《秘册汇函》、常熟毛晋加刻而成《津逮秘书》等典籍的基础上，广泛购买并精选传世将绝的古书善本，修订增刊为《学津讨原》20 集，收录 173 种图书，共 1410 卷；此外，还辑刻《墨海金壶》160 册，收书 117 种，专门收录明清两代学者著述的《借月山房汇钞》16 集，102 册，收书 137 种；刻印《太平御览》，共 100 卷，其所刻印的丛书、类书、总集等共有 3000 余卷，[①]其图书校勘精审严密，在雕刻刷印方面也达到精致典雅的品质。

清代的私家刻藏图书在类型与数量上远比宫廷和官府修刻的书籍要多得多，成为后世研究文献学与版本学方面的重要资源。家谱、宗谱及地方"郡邑丛书"是清代私家刻书藏书的重要内容。清代家谱、宗谱的数量在目前考查明确的历代家谱、宗谱中占大多数，现存于世界各地的中国家谱、宗谱约有 4000 余种，其中确认为清代所修辑的为 1214 种。[②]

"郡邑丛书"为采集、修辑与刊刻特定地域的先贤著述所形成的丛书，有效地保存了地方文化，如《台州丛书》《浦城丛书》等，有一定的地域文化特征，早期多以雕版形式刊刻与刷印完成。盛宣怀所辑的《常州先哲遗书》由版本学家缪荃荪审定版本，收集稀有的前人著述 76 种，分为前后两编，由清末著名刻工徐子麟携弟子完成整套丛书的雕版刻制，精审精印，是中国刻书史上的杰作。[③]

到了清代末年，私家刻藏呈现出新旧印刷技术交织的时代面貌。状元实业家张謇于 1903 年在江苏南通创办了翰墨林印书局，使南通在中国近代文化传播的版图上占据重要地位。翰墨林印书局出版教材和各类书籍来辅助通州师范的教学，同时传播新的思想与文化。书局

中国印刷设计史

---

① 曲德森主编：《中国印刷发展史图鉴（下）》，太原：山西教育出版社，2013 年，第 466 页。
② 曲德森主编：《中国印刷发展史图鉴（下）》，太原：山西教育出版社，2013 年，第 466 页。
③ 张戬炜著：《书生本色》，南京：南京大学出版社，2015 年，第 65 页。

的出版物根据市场需求而采取了多种举措，封面上大多邀请名人题写书名以增加其影响力与销售量，装订方式上则与时俱进，采用线装书与平订书相结合的装订方式，并且在图书中增加了插图以提升阅读的效果。

二、民间书坊刻书的印刷设计

清代民间书坊刻印书籍也是民间出版的重要组成，与明代相比呈现出更加繁盛的面貌，但在地域分布上则有所变化，以南北两京与苏杭二州为中心。北京发展为清代书坊最多的城市，苏州、杭州次之，南京、杭州的书坊发展则较明代有所衰退。除此之外，广东、福建、江西各地也涌现不少书坊。书坊刊刻图书数量多，而且种类丰富。

民间书坊刻印的图书多数是畅销的大众读物，如小说、戏曲、医方、星占、类书、日用杂字等类别，根据民间大众的文化需求而做及时调整。由于书坊所刻印图书内容侧重于满足市场需求，在普及知识与传播文化起了很大作用。书坊以印书赢利为经营目标，为控制成本而往往降低图书品质，体现了民间印刷设计的经济思维，也呈现出与之相应的印刷设计风貌。清代民间书坊刻书在不同地域呈现出不同的发展态势与局面。

活字本在印刷设计上有其独特之处。清代各式活字的字体变化多样，既有以楷体为主的手写体，也有印刷体。以武英殿的铜活字、木活字刻制为程式与样本，宫廷与民间的活字、全国各地区的活字皆有所同，而清代民间的活字在字体种类上则更为丰富多样。清代是印刷字体进一步定型并形成字形规范的重要时期。印刷字体旧称为"宋体字"，实际上形成于明代中叶，刻工们为了便于雕版刻印，在使用刻刀的过程中形成了一种横轻竖重的字体。宋体字又分为长体、方体、扁体三类。清代的印刷字体在借鉴以前朝代的印刷字体资源的基础上，形成清代印刷字体自身的独特面貌。

（一）北京地区的书坊刻书

清代北京的私人书坊与刻字坊多冠上"京都"二字，主要集中于内城隆福寺和宣武门外琉璃厂地区，营业范围包括了书版雕印、代刻图章、代书楹联轴章等多项事务。清代北京琉璃厂地区为文人墨客聚集之地，此地因书肆林立而时称"厂肆"，清代宣武门外为汉族官员与文人居住之处，上京赶考的学生在此处歇脚，琉璃厂地区主要有三类店铺，一类店铺卖笔、墨、纸、砚等，一类店铺为只卖书不印书，再有一类店铺为前设店铺卖书，后设印坊印书。

清代北京琉璃厂地区有 200 多家书坊，大多书坊兼刻印与发行两项功能，如老二酉堂、聚珍堂、善成堂、文成堂、文宝堂、荣禄堂、文锦堂、文贵堂、文友堂、翰文堂等，所刻印内容多为学堂私塾用书、经典、字帖，以及小说、戏曲、佛经等诸多类目内容，刻印满文与汉文对照版本著称的则有鸿远堂、瑞锦堂等。刘魁武所设的聚珍堂是其中具有典型性的书坊，刊刻图书以四书五经为主，封面上大多题有 "京都隆福寺街路南，聚珍堂书坊梓行"双行版记，并在版心下刻"聚珍堂藏版"，在精选底本的基础上精校刊行，精选印刷纸墨材料，刻印文字与插图均精细清晰，注重书坊的出版声誉。

清代北京书坊刻印的畅销书籍中，小说、唱本等通俗读物尤其流行。曹雪芹所著的《红楼梦》为中国四大名著之一，在早期手抄本的基础上，该小说的刊印在清代北京书坊中颇为流行。其中既有采用木活字印制的程甲本与程乙本，后又有其他书坊刻印雕版印刷此书，如东观阁刻本、善因楼刻本以及宝文堂刻本，刻本的畅销进一步推动了《红楼梦》的文化传播。光绪年间改琦绘制插图的《红楼梦图咏》为小说提供了生动传神的人物形象。到了嘉庆年间，又涌现出许多不同的版本，达到 26 种之多。

此外，北京天主教堂印刷宗教用书，清代初年以南堂（宣武门大教堂）为中心，采用雕版印刷 70 余种宗教书籍，清末则以北堂（西安门内的西什库教堂）为中心，后来雕版印刷衰微后，则多改为用近代铅印技术印刷宗教书籍。

（二）江浙地区的书坊刻书

在清代，江浙地区的民间书坊刻书呈现繁盛的局面。清代江浙地区的民间书坊刻书以杭州、金陵、苏州、常州、无锡等地最为繁盛，除此之外，浙江的绍兴、宁波、余姚、慈溪、嘉兴，江苏的扬州、镇江、常州等地，均有不少书坊。

清代苏州的书坊发展迅速，刻书的数量与质量在全国闻名，如扫叶山房、书业堂、本立堂、黄金屋、绿荫堂等。由于书坊之间的竞争激烈，因而在图书内容的选取与编撰、印刷质料与技艺上均花费心力，比如通过增加精美的插图来吸引读者。与此同时，由于市场需求的导向，使得通俗文化的内容也参差不齐，含有色情内容的小说、戏曲等读物同时有所增加。

扫叶山房由席氏创立于明代，曾刻印几百种书籍，书坊规模在清代有了进一步的发展。光绪年间，扫叶山房在全国各地设立分坊，引进铅印和石印设备。此外，苏州著名的老字号刻坊以及书业堂、金阊书坊、黄金屋、姑苏聚文堂、苏州四美堂等，刻印了多种小说。

清代南京的书坊虽不如明代，仍在国内赫赫有名，如荣盛堂、一得斋、江宁启盛堂、金陵奎壁斋、富文堂、聚锦堂、德聚堂等。各书坊在刻印书籍的页面中多印有书坊专门的品牌标记，如李光明庄在版心下刻"李光明庄"坊号，体现了清代民间书坊的版权意识。（图 7.15）该书坊的广告意识也有鲜明的体现，所刻印图书在坊本中质量上乘，书中大多印有广告，每本书开篇均有李光明庄的介绍，以谋求更高的经济效益。清代杭州的知名书坊，则有文宝斋、慧空经房、善书局、爱日轩等。

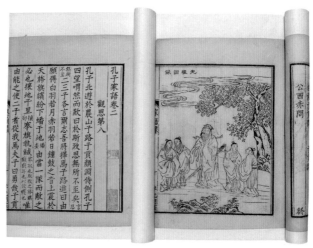

图 7.15 　《孔子家语》　李光明庄　清代

（三）广东地区的刻印书籍

广东地区的书坊行业在清代中后期随着商品经济的发达而有所发展，在乾隆年间逐渐兴盛起来。起初，广东的书坊多在顺德聚集，后来发展至广州和佛山，刊刻图书的活动几乎在全省各地均有开展。广州地区有三元堂、五桂堂、文经堂等多家知名书坊，所刊刻图书上往往有鲜明的地域标志，注明"羊城""广城""广州"或"广东" "粤东"等。广州地区的刻工价格比江浙地区便宜，因而苏州等地也有书坊在广州刻版后返回当地刷印成书。广州地区的双色套印与多色套印的图书较为普遍。广州的书坊主要集中于双门底、西湖街、学院前、十八甫、十六甫、龙藏街等地，以富文斋、翰墨园、五桂堂等书坊为代表。①富文斋的规模与影响在书坊中名列前茅，刻印的图书内容丰富，包括经史子集、地方著述与史料等，版式变化上较为灵活，刻印的字体以方体字为主，多选用黄色与白色连史纸，卷首或卷尾镌有"羊城西湖街富文斋刊印""广州市西湖街余富文斋刊"等堂号信息。

佛山地区也有多家名坊堂号，如古文堂、敬慎堂、字林书局等20余家，图书内容以医书和通俗小说读物为主流。

广东各地的书坊印书活动中，有不少女性刻工参与其中，刻工价格比各地较低廉，广东各地刻印的图书不仅内销全国各省，而且还外销至南洋等地，影响较为广泛。

（四）太平天国时期的刻印书籍

太平天国运动对清朝的政治统治造成了沉重打击，受太平天国控制的地域在印刷品的内容上有较大变化。南京地区在太平军占领期间被称为天京，设置了刻印书版的镌刻衙与刷书衙，印刷天朝颁布的谕诰、书籍与公据等，从周围的扬州等地招引刻版工匠并刻印了多种宣传太平天国政治主张的图书，颁发天朝历法（天历），刊印洪秀全的著作《太平诏书》，以及《太平军目》《太平条规》等军事印刷物、《天朝田亩制度》《资政新篇》等政治与经济印刷物等。

太平天国组织大规模的宗教印刷物印制工程，如组织五百名刻印工匠从事圣经刻印工作，最初印成《新遗诏圣书》，后经洪秀全批阅，于1853年出版《钦定旧遗诏圣书》和《钦定前遗诏圣书》，沿用中国传统书籍排版与装帧方式。

① 刘淑萍：《清代广东书坊的新型经营模式——以富文斋为例》，《新世纪图书馆》2009年1期。

1854，太平军北伐至天津，由杨柳青年画作坊绘刻太平天国年画，分送周边百姓。然而，与传统中国的神话题材有所不同，绘刻题材多为花鸟鱼虫、山水风景等，彩色套印，制作精美。

清代全国各地都有不少雕版印刷作坊。清末四大知名刻工在印刷设计上做出重要贡献，在雕版刻印与印刷字体刻制上皆有其独到之处。其中位列名刻之首的是陶子麟，陶子麟在湖北武昌设书坊，以其姓名为店号，为当时知名藏书家缪荃荪、盛宣怀、杨守敬、刘世珩、徐乃昌、傅增湘、甘鹏云等人刻印了 130 多种书籍，自刻图书 10 余种，陶子麟善于仿刻宋元古籍，据说到了可以假乱真的地步，其所刻仿宋字与软体字皆十分美观。①与陶子麟并称"南艾北陶"的艾作霖则为湖南永州刻工，曾主持长沙思贤书局的刻印事务，为藏书家曹耀湘、张祖同、王先谦、叶德辉等人刻印典籍。

到了光绪年间，民间书坊的雕版刻印图书每况愈下，在有些地区连妇人与小孩等受教育程度较低的人群也加入了刻工队伍，此类刻工的工费便宜，但刻出的版面往往粗糙，字迹潦草且多有错讹。与此同时，受到西方现代印刷技术的冲击，中国传统的雕版印刷也渐渐走向衰微。

三、清代民间的活字印刷设计

清代中国本土的活字印刷仍处于手工制作的阶段。清代宫廷以金属活字和木活字的研制发展最为显著，清代民间的活字印刷呈现出十分丰富的面貌。在武英殿实施的木活字与铜活字印刷技艺的带动与影响之下，各地的官方书局、书院以及民间书坊均开展了相关的活字印刷实践探索。除此之外，民间还有铅、锡等金属活字的铸造工艺的

---

① 江凌：《试论两湖地区的印刷业》，《北京印刷学院学报》2008 年第 6 期。

初步探索，以及泥、瓷等材质活字的探索与尝试。

（一）木活字印刷设计

清代民间的木活字印刷在明代木活字的技术基础上进一步发展，在全国各地均有广泛的应用。据统计，河北、河南、山东、江苏、浙江、江西、福建、湖北、湖南、广东、陕西、甘肃等 14 省都有采用木活字印书的活动。[①]

受乾隆年间武英殿用木活字印制《武英殿聚珍版图书》所影响，地方采用木活字刻印的风潮进一步盛行。各地官衙、书院、书坊都纷纷依据《钦定武英殿聚珍版程式》中对于木活字刻制与印刷工艺的介绍，以及内府本印刷设计的排版标准来刻印图书。这一时期，地方效仿武英殿刻制木版活字，处于雕版与活字版混用排书的出版状态。有些书坊甚至根据活字印刷的特点而命名为"聚珍堂"或"活字印书局"等。清代木活字本的内容丰富，既有经、史、子、集四部，以及历代诗文、丛书、戏曲、小说、唱本、弹词等，还有许多家族使用木活字排印家谱。

在清代的衙署与官书局中，效仿武英殿聚珍版木活字技艺的机构不在少数。金陵书局在同治年间排印了《两汉刊误补遗》《三国志注》《史姓韵编》《吾学录初编》等图书。[②]

清代书院中也有采用木活字排版印书。如安徽婺源的紫阳书院山长周鸿便以木活字于乾隆五十五年（1790）排印其著作《婺源山水游记》，该书半页 9 行，每行 22 字，四周为双边，白口，单鱼尾，版心下方题有"婺源紫阳书院藏版"的刊刻信息，印制的版面效果较为简练而精美。除此之外，还有湖北的两湖书院、清末的江苏高等学堂、存古

---

① 曹之著：《中国古籍版本学》，武汉：武汉大学出版社，1992 年，第 386 页。
② 张秀民著，韩琦增订：《中国印刷史（下） 插图珍藏增订版》，杭州：浙江古籍出版社，2006 年，第 595 页。

学堂、江西抚郡学堂等。[①]

　　清代私家自制或购买木活字,用以印刷家族成员、先辈的书籍和当地文献,也有很多事例与相关图书存世。嘉庆年间成都著名刻书家龙万育节约傣银而主持刻成仿聚珍版活字一副,排印《读史方舆纪要》一百三十卷(附《舆图要览》四卷)[②]、顾炎武《天下郡国利病书》、顾祖禹《读史方舆纪要》等。著名藏书家张金吾从无锡得到十万多个活字,既排印自著的《爱日精庐藏书志》,还印行了《续资治通鉴长编》五百二十卷等。

　　民间书坊采用木字印书经营的也不在少数。北京的聚珍堂雇请工人刻制木活字一幅,并用以大量印制通俗小说。曹雪芹所著的《红楼梦》为中国四大名著之一,该小说的刊印在清代北京书坊中颇为流行。萃文书屋采用木活字印制了程伟元、高鹗整理的程甲本与程乙本,此足本共有一百二十回,并配绘绣像,使人物形象更为生动传神。《红楼梦》程甲本为活字版,半页10 行,每行 24 字,四周双边,白口,单鱼尾,版面效果典雅而清晰。活字版印刷为《红楼梦》的传播起到了推动作用。(图 7.16)

图 7.16　《红楼梦》　程甲本
正文　乾隆五十六年(1791)

---

① 张秀民著,韩琦增订:《中国印刷史(下)　插图珍藏增订版》,杭州:浙江古籍出版社,2006 年,第 595 页。
② 颜世明,高健:《清代刻书家龙万育生平考述》,《理论月刊》2014 年第 11 期。

木活字排印在清代各地众多书坊中也出现了各种各样的经济状况，由于资金周转不利而失败关张的活字印书坊也不少。王韬开设韬园书局，原计划以木活字排印图书，原本打算一边印书一边卖书，却因其所撰写的著作销路不畅而无法实现资金周转流通，最后被迫关闭。

　　清代木活字除了印制图书之外，还用于印制报纸、官员名录、家谱、族谱等其他多项内容，在印刷设计上呈现独特的印制方法、形式与风格。清代的《邸报》多以木活字排印。后来采用木活字印刷的报纸，有《京报》和《万国公报》（后改名《中外纪闻》，又名《中外公报》），报纸用活字排印，便于每日更新排版，但早期活字报纸内容相对简单，活字排印时的错处较多，而且报纸流传范围较小。

　　清代木活字排印的家谱在全国范围内分布广泛，主要在江、浙、皖、赣、湘、鄂、川、闽等南方诸省，其中以江苏、浙江等地为多，尤其在绍兴、常州两地盛行。[①] 由于绍兴、常州地区的家族集聚，而且以族群庞大的家族为多，因此，编修家谱便成为一项保存家族族人谱系渊源的重要历史文献。修谱是一个家族人丁兴旺与香火长续的象征性举动，因此每隔一定的年期便会重新修缮。于是，与数量庞大的家谱编修与排印事项相对应，社会上便出现了一个专门从事印谱的职业，这些人被称为"谱师""谱匠"。每年秋收之后，谱师与谱匠们忙完农活，便在农闲时节肩挑字担到各乡镇的家族中排印家谱。以嵊县谱匠为例，他们的字担往往存字量达到两万多个，分大小两号活字，根据内容的重要性来选择字号大小。排印过程中，如遇缺字则即时补刻。谱匠们在长期排印家族谱系的过程中，摸索出一套迅速检字排字的方法，优化了木活字排印设计的工序。比如，他们将字盘分为内盘与外

---

① 张秀民著；韩琦增订：《中国印刷史（下）　插图珍藏增订版》，杭州：浙江古籍出版社，2006 年，第 599—600 页。

盘，木活字在字盘的排列上有专门的规律。

家谱在版面与信息的印刷设计上也有一定的特色，由于木活字的字体面积较大，因而家谱的开本也以宽大为特点。版面内部多数通过朱墨二色套印来区分不同的信息内容，比如，用红线来表示直系亲属之间的世系关联（这在艺术创作中也出现过），对待印错的字，则用墨盖去，再用红字或黑字木印于错字的周围，以此来校正版面中的错讹之处。而图像则有的雕版木刻，也有的手工绘制，充分发挥了民间画匠的技能。

清代的木活字印本的数量、单种书籍的印刷量，与雕版印刷的书籍相比皆少得多。从历史的眼光来看，木活字印刷并未能大规模地代替雕版印刷的应用。但是，木活字在官刻、坊刻与家刻三大体系中的普遍应用，也表明活字印刷作为一种新的尝试，已经有了较为丰富的印刷实践成果。

（二）金属活字印刷设计

铜活字印刷是清代金属活字印刷的主要品类。铜活字造价比木活字要高得多，因而在民间较少有刻印铜活字的相关事迹。

清代初年，民间有人用明代的金属活字刻印图书。如康熙二十五年（1686）吹藜阁在常熟刻印的《文苑英华律赋选》，此举比武英殿的《古今图书集成》要早四十年。《文苑英华律赋选》选用楷书字体铜活字排印版面，四周双边，黑口，双鱼尾，封面题有"吹藜阁同板"五字信息，印制精美。（图 7.17）

福州人林春祺历时 21 年完成的"福田书海"铜活字是清代民间最为有名的铜活字刻造工程。林春祺工匠刻制正楷体大小铜活字共40 多万个，耗费 20 余万两白银，造价极高，这在民间的活字刻印史上可谓一大创举。林春祺还专门作《铜版叙》，记录其刻制铜字的初衷与经历，成为记录清代铜活字制作的重要历史文献。此套铜活字所刻印的书籍有顾炎武的《音学五书》中的《音论》（上中下 3 卷）、《诗本音》10 卷、《四书便蒙》等书籍。此套铜活字为楷体字，字体结构秀美，版面为半页 8 行，每行 19 字，四周双边，白口，线鱼尾，版心下刻有"福田书海"四字，整体版面风格精美而典雅。（图 7.18）

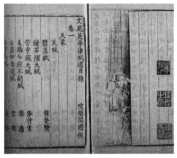

图 7.17　《文苑英华律赋选》钱陆灿　吹藜阁铜活字版　康熙二十五年

图 7.18　"福田书海"铜活字本　福州人林春祺主持镌刻　清代

　　清朝民间锡活字在试制与应用方面也有一定的探索，但由于工艺与印制效果的限制而影响较小。乾隆五十二年（1787）歙县程敦采用锡翻铸法，印成了秦汉瓦当文字。道光三十年（1850）广东佛山的唐姓书商出资请匠人铸造锡活字，共制有楷体的扁体字、近于仿宋体的长体大字、长体小字三套，出资共一万元，咸丰元年（1851）使用唐氏活字印制了马端临的《文献通考》348 卷，共 120 册。在西方铅活字印刷技术传入中国之前，中国民间的铅活字印刷也已经有了初步的探索，但是由于技术问题而未能实现推广与普及。

（三）泥活字印刷设计

　　清代民间的泥活字制作活动颇为活跃，有徐志定、吕抚、李瑶和翟金生等人从事相关印刷活动。

　　道光年间，苏州人李瑶在杭州用泥活字排印了《南疆译史勘本》58 卷，共印刷了 80 部，共费 30 万钱银，后又增印 100 部，封面背后有"七宝转轮藏定本，仿宋胶泥板印法"篆文说明，该书四周双边，单鱼尾，上下黑口，后又用泥活字排印李瑶自著的《校补金石例四种》，共 17 卷，版面为左右双边，上下黑口，单鱼尾。该副活字排印版面时如雕版一样整版保存，版中活字不再拆解另用，因而得制作大量活字方能完成排印工序。学者根据版中泥活字在结构与笔画上类同，判断这一副"仿宋胶泥版"活字应是制作活字字模，再应用字模去制造活字。[①]

　　道光年间安徽泾县秀才翟金生在泥活字试制与应用上有着重要的地位与影响。翟金生在研读沈括《梦溪笔谈》中毕昇制造泥活字的相关记述，毕其一生之精力亲手制作出五副泥活字，分为大、中、小、次小、最小五种字号，共计 10 万余字。翟金生于道光二十四年（1844）用泥活字印成自著的《泥版试印初编》。在《自序》中的一首诗写道："一生筹活版，半世作雕虫。珠玉千箱积，经营卅载功。"[②]此诗道出其终生研制活字的艰辛与收获，还详细记录了造泥字、检字、校字、归字等匠人的姓名，成为了解清代泥活字印刷设计的重要文献。翟金生将此套泥活字印出的图书称为"泥斗版""澄泥版"或"泥聚珍版"，后来还排印了《泥版试印续编》、黄爵滋诗集《仙屏书屋初集诗录》、翟廷珍的《修业堂集》、其子所撰的《留芳斋遗稿》等图书。

　　除此之外，清代的泥活字在江苏无锡、江西宜黄、安徽等地也有民间自发的试制与应用。

① 曲德森主编：《中国印刷发展史图鉴（下）》，太原：山西教育出版社，2013 年，第 484 页。
② 曹之著：《中国古籍版本学（第二版）》，武汉：武汉大学出版社，2007 年，第 369 页。

第四节　清代插图的印刷设计

一、雕版插图的印刷设计

　　明代的小说和戏本插图极为生动而繁荣，呈现出其独特的创造性。与之相较，清代初期的插图承续了明代插图的艺术风格。整体上看，清代的木刻书籍插图不如明代兴盛，由于政府对小说和戏本出版的限制与压制，清代插图的生命力与创造性受到了一定的制约。

　　除了单色木刻雕版插图之外，清代的套色木刻插图也有进一步的发展。传承木刻水印技艺的饾版彩色套印技术在宫廷与民间均有许多有益探索，涌现了一批精彩的饾版插图艺术作品。

　　清代末年，随着翻译西方书籍的发展，西方的插图也进入了中国，影响了中国本土的插图风格与形式。西方插图的绘制更为科学严谨、准确逼真，焦点透视的绘画视角也在一定程度上影响了中国传统绘画创作的思维，在雕版刻印的绘图底稿上有鲜明的体现。

（一）宫廷雕版插图的印刷设计

　　清代武英殿刻印的图书时常配绘有精美的木刻雕版插图。殿本书中有雕版刻印图书、铜活字与木活字本图书等不同版种形式，但这些图书所附插图都是由木版雕刻印制的，宫廷木刻雕版的插图在数量上、质量上均达到了前所未有的新高度，因而形成了清代"殿版版画"的独特艺术特征，与宫廷绘画、陶瓷、玉器等其他艺术形式一样，殿版版画在内容题材、表现手法、工艺技术等方面均与皇家文化、宫廷生活内容、宫廷艺术与审美形式标准密切相关。宫廷雕版插图的绘图多由宫中知名画师完成，底本精细华美，版面镌刻技法严密精湛。在清代宫廷的插图艺术中，单色的雕版印刷与多色套印的饾版彩色印刷均有出色的殿本插图作品留存，呈现出雕版插图印刷设计的丰富面貌。

早期的殿本书中多配附有传统雕版刻印而成的插图，在构图与图像风格上沿袭了明代的插图风格，并在此基础上有所发展，雕刻技艺精细而流利。清代初期天文历象类图书《律例渊源》中配绘的插图便兼具了科技类图书插图的说明性与图画本身的审美性，呈现出清晰而秀美的风格。

清康熙三十五年（1696）内府刊刻的《御制耕织图》，由清圣祖玄烨题诗，焦秉贞绘图，朱圭、梅裕凤镌刻，采用册页装，整套共计 46 幅图，其中耕图、织图各 23 幅，分别介绍了中国江南地区农业生产中的粮食生产与蚕桑生产过程，每页插图的版式为四周单边，插图上方为康熙皇帝御题七言诗一首，这是中国现存的古代介绍农桑生产的早期成套的系统图画，极为珍贵。焦秉贞所绘制的图画精细而清雅，并且参考借鉴西方的焦点透视画法，这些农桑生产的图画与御题诗文经由刻工镌刻而成，很好地还原和保留了线描与书法的线条特征与韵味。（图 7.19、图 7.20）

西洋画师来华并在宫廷中任职，将西方绘画的画法与相关技术也带入中国宫廷，外来因素进一步影响清代插图的创作形式。清代宫廷画家已经有意识地对西方透视画法加以吸收与运用。例如，焦秉贞所绘的《耕织图》便是生动的案例，其所绘制的画面在表现农事活动时，采用了近大远小的焦点透视法来组织画面。焦秉贞绘好《耕织图》画稿底稿后，再交由朱圭和梅裕凤刻制雕版。

随后，宫廷画家冷枚在焦秉贞绘图版本的基础上，绘制了《御制耕织图》绢本着彩摹本，开启了墨印彩绘《耕织图诗》的出版潮流。（图 7.21）

图 7.19　《御制耕织图》　清康熙三十五年

图 7.20　《御制耕织图》之《插秧图》
清康熙三十五年内府刊本

图 7.21　《御制耕织图》二卷　清
圣祖玄烨撰　焦秉贞等绘　朱圭等
镌　清康熙三十五年

在康熙朝之后，《耕织图》的主题受到历朝帝王的喜爱与重视，在乾隆、雍正两朝演化出多种不同版本，皇帝们亲自为《耕织图》配写诗句，进一步推动了钦定版本的《耕织图》在朝野上下的刊刻与传播，形成清代耕织图的图像谱系，同时也使农业生产的图像得到了进一步的传播与推广。

康熙五十一年（1712）刊刻的《御制避暑山庄诗图》则是清代内府彩色套印本的典型。该图书以图像为主，是清代宫廷专集型的版画图录的代表性作品，由宫廷画家沈嵛绘制插图，由著名刻工朱圭、梅裕凤雕刻版面，整体插图呈现出精细而典雅的宫廷艺术气息。避暑山庄主题插图在乾隆年间增添乾隆诗词后由朱圭重新雕刻版面，使该主题的插图更为精致美观。

武英殿刻印的《万寿盛典初集》一书中所配制的《万寿盛典图》，以精细刻画和严密构图的图像来表现盛大严谨的皇家礼庆场面，描绘了庆祝康熙帝六十寿辰的壮观景象。全书共 120 卷，其中插图整整占据了 41、42 两卷，是描绘宏大宫廷景观的典型作品。为完成这一大型绘刻工程，宫中画师冷枚、宋骏业、王翚、王原祁绘制绢本原图，由武英殿技艺最精的刻工朱圭操刀刻成，朱圭刀法精湛生动，充分还原了原画面的精细而繁密的内容信息。此书在书籍装帧方面也集中体现了皇家的审美趣味。

雍正年间武英殿用铜活字排印《古今图书集成》时，丛书中的插图由雕版刻印完成，插图内容范围广阔，包含有山水、地志、名物图录等，呈现出刻印精细的宫廷艺术风格。

乾隆年间由金简主持用聚珍版木活字排印的《钦定武英殿聚珍版程式》中，配有 16 幅木刻雕版插图，以连续图像的形式生动地介绍了木活字拓印图书的整个过程。

乾隆十年（1745）武英殿刊刻完成的木版画集《御制圆明园四十景诗》，简称《圆明园图咏》，由朱墨二色套印完成。《圆明园图咏》由宫廷画师孙祜、沈源以墨线白描笔法绘制，呈现了典型的清代内府版画风格，画面精细严整。

乾隆年间的《皇舆西域图》《盛京舆图》《黄河源图》《乾隆南巡图》《南巡盛典图》等大型版画图录，皆由知名画师完成底稿，技艺精湛的刻工雕刻完成，刊印造纸用料均极为精致讲究。

清代嘉庆之后，清朝政治统治呈现衰败的迹象，宫廷版刻插图艺术也逐渐衰落。光绪二十一年（1895）的《养正图解》为清代末期宫廷版画的代表。西方石版印刷技术的传入与在宫廷中的应用，加速了宫廷雕版插图刊刻的衰微。

（二）民间雕版插图的印刷设计

清代初年的民间木刻版画承袭了明代技艺与风格，民间高水平画师的画稿底本与高水平刻工的雕刻技艺相结合，产出了一批精美的雕版插图印刷品，如由安徽画师肖云从创作、歙县知名刻工汤复精刻雕版印刷的《离骚图》，知名画家陈洪绶绘画、武林著名刻工项南州精刻雕版印刷的《张深之正北西厢秘本》等。徽州版画徽州旌德的名刻工鲍承勋所刻的《扬州梦》《秦月楼》等戏曲插图为代表，精致而典雅；此外还有四雪堂刊刻的《隋唐演义》《封神演义》等，苏州古吴三多斋刊刻的《古今烈女传演义》以及李渔的《笠翁十种曲》，皆为苏州版刻精品，插图采用新颖别致的月光版图形。小说戏曲插图由于清朝政府的图书禁毁措施而迅速衰落。

魏源的《海国图志》是中国历史上最早对世界地理知识进行系统介绍的著作，该书在道光年间以木活字排印，共有 50 卷。道光二十四年（1844）古微堂聚珍版《海国图志》在插图设计上灵活而生动，版面画幅根据页面内容需要而进行调整，既有合页连式的大幅插图，也有单页、半页或更小的插图，图文灵活配合，使版面呈现出生动的面貌。

北京民间书坊的绣像小说刻印也有一定特色。如各书坊印制《红楼梦》时配附的插图便形成一个生动的图像谱系。由知名画家改琦绘图的《红楼梦图咏》共有 48 幅插图（图 7.22、图 7.23），传神地描绘了书中的主要人物形象，并根据小说人物设定去布置每幅版面图像里的背景因素，刻工精严而流利，极好地保留了"改派"人物画的雅致而秀丽的艺术风格，是清代插图版画中的精品。

图 7.22　《红楼梦图咏》之　　　图 7.23　《红楼梦图咏》之
黛玉　改琦绘　木刻本　　　宝钗　改琦绘　木刻本
光绪五年　　　　　　　　　光绪五年

清代的饾版彩色套印技术在明代的基础上有进一步的发展。明代胡正言的《十竹斋书画谱》是中国艺术史上第一次对绘画与书法的技术进行系统分类整理的画谱。自此，画谱成为中国传统绘画的重要解码工具。清代李渔及其女婿沈因伯请画家王概主编的《芥子园画传》

以系统介绍中国画的基本技法，先后刻成四集，画传的绘、刻、印皆达到极高水平，彩色套印精准，使用饾版彩印技艺，刷印色彩层次与变化极为丰富，在中国绘画史上产生重要影响，该画谱所应用的彩色套印的技艺，在印刷设计上也形成了广泛而深远的影响。（图7.24）

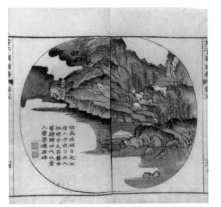

图7.24　《芥子园画传（五卷）》　李渔　康熙十八年

顺治十二年（1655），苏州张云中等人刊印的《本草纲目》附图3册，插图内容为药物图画，均为五彩套版精印。[①]道光二十八年（1848），影印书屋所刊印的《金鱼图谱》中，运用饾版彩色套印技艺，刊印了56种不同类型与花色的金鱼，版面图像四周饰有浅绿色的松、竹、梅等装饰花纹与图案，形成典雅而具有趣味性的视觉效果。[②]

清代民间的雕版插图以苏州地区的版刻最为精美，但从全国范围内的整体雕版刻印状况来看，清代不及明代精工。嘉庆、道光之后，民间雕版插图在刻印与制作上趋于粗陋，在受到石版印刷、金属版印刷等西方图像印刷技术的影响后趋于衰落。

① ［明］李时珍撰，尚志钧、任何校注：《本草纲目 金陵初刻本校注（下）》，合肥：安徽科学技术出版社，2002年，第1637页。

② 方晓阳，韩琦著：路甬祥主编：《中国古代印刷工程技术史》，太原：山西教育出版社，2013年，第303页。

二、清代民间木版年画的印刷设计

中国的农历新年是一年中最为重要的传统节日，年画是中国特有的将印刷设计与艺术相结合的典型产物。在唐代或更早的历史时期，中国便已经出现了年画。明代末年开始出现套色刻印的木版年画。清代年画在明代基础上进一步发展，在全国范围内形成了多个具有地域人文特色并与印刷技艺密切结合的年画生产基地，其中以苏州桃花坞、天津杨柳青、山东潍县杨家埠、河南朱仙镇等地的年画最为闻名，在印刷设计上各具特色。

清代初年的苏州随着经济的繁荣，在苏州桃花坞地区聚集了五十余家年画坊肆，到了雍正、乾隆年间发展至全盛时期，年画铺在虎丘地区、山塘河岸形成了行业的集聚。早期苏州年画仍保有金陵、浙派木刻版画的余韵，桃花坞年画在底稿绘制、雕版刻制、刷印制作上都以精细严密著称，民间画家与年画作坊的合作，提升了年画的选材立意与底稿质量，以套版印刷为主，兼用手工着色。如乾隆五年（1740）的《姑苏万年桥图》便以苏州当地的风物景致为主题，围绕苏州万年桥地区的繁华都市景观形成整体构图，年画上题"仿泰西笔意"。乾隆年间，以万年桥为主题的姑苏版年画现存有多个不同年份的版本（图7.25），均采用墨版套色，以描绘姑苏城行人如织、商铺林立的繁华景象为特色。此类

图 7.25 《姑苏万年桥图》日本神户市立博物馆藏 乾隆六年（1741 年）

大幅面年画的印刷，对于雕版间的拼接技术要求很高，也反映了桃花坞年画在印刷设计上的技术成就。

由于江浙地区在中西文化交流中的开放性与前沿性，桃花坞年画在中国年画艺术中最早受西方绘画风格影响，并在绘制与刻印技法上有生动的体现。苏州年画绘制技法中用彩笔晕染人物服饰等，在画面构图时已有焦点透视的意识，均是受西方文化与绘画技法影响的表现。到了清代后期，苏州年画受《点石斋画报》等石印画报影响，还流行起时装美人图和时事新闻画等新型题材与绘画风格。

天津附近的杨柳青镇在清代也形成了北方生产制作年画的重要地区，此地因水运交通便利而形成了商贸集聚，享有"北方小苏杭"之美称，年画产业在商业经济的推动下发展兴盛。杨柳青年画制作工艺在当地的认可度与普及度很高，民间流传着"家家会点染，户户善丹青"的诗句，自发形成了全民参与的年画制作与传播。17 世纪初，杨柳青地区每年印制年画数量达 2000 万张以上，某些作坊雇佣刻工与印工数百人，每年可印 100 万张年画，19 世纪中叶该地区仍有 60 余家作坊[1]，那些大型的年画作坊，往往形成了体系化的年画制作流程与工序，有效提升了生产效率。

清代杨柳青年画在艺术风格上受到北方宫廷画院绘画与雕版插图风格的影响。在题材上，以仕女、婴戏、民俗与民间信仰等内容为主流。如以《同拜天地》主题的年画，便描绘了中国北方特定的婚礼仪式中夫妻同拜天地之习俗，整体画面呈现出喜庆祥瑞的气氛。（图 7.26）杨柳青年画以多色套印的木版年画为特色，多用黄、绿、朱三色

---

① ［美］钱存训：《中国纸和印刷文化史》，桂林：广西师范大学出版社，2004 年，第 266 页。

图 7.26 　《同拜天地》　天津杨柳青刻印　清代

刷印版面中的桌椅背景等，在后期加工人物面部与衣饰时则引入了绘画技法，对版画进行手绘着色，形成了将印刷与绘画相结合的技术特色与艺术风格。民间年画用色大胆，色彩关系上对比鲜明，敷粉沥金是其特色之一。

　　年画在民间的需求量大，利润可观，因而，在桃花坞与杨柳青两地的年画生产的带动下，周围地区形成了一些规模较小的年画刻印地，逐渐形成了中国年画风格上的南北两派。南方地区的年画以绘刻精细为特色，在色彩上较为清雅，展现南方各地的市井繁华与民俗风物；北方地区的年画则呈现出更为粗犷有力的绘刻风格，在色彩上以浓墨重彩为主流，呈现出浑厚的北方乡土与民俗气息。

　　山东潍县杨家埠年画经历了明代末年战乱影响的衰败后，在清代中期再次发展出大规模的年画产业，杨家埠年画根据百姓日常生活中的应用场景发展出繁多的品种，其销售范围也非常广泛。杨家埠年画以饾版套印技术为特色，根据年画的不同用途、年画在家庭中的张贴

位置、使用年画的特定人群而发展出尺幅形式、大小形状、题材与内容上均十分丰富的面貌。（图 7.27）

　　河南朱仙镇在清代成为中原地区的商贸重镇，该地区的年画作坊以天成号、万通、晋泰涌、德胜昌等最为著名，最繁盛时共有三百多家年画作坊。朱仙镇年画主要分为阴刻、阳刻两大类，既有黑白版的年画，也有套色版印制的年画，套色版最多可达到 9 版相套，色彩工艺极其精美。朱仙镇年画的整体构图饱满有序，雕刻线条粗犷有力，色彩浓重，以桃红、紫、橙、绿等色为主色，鲜艳明快，造型古朴，突出人物的头部刻画，形成了不同于其他地域年画的独特艺术风格。在年画题材上，多取自戏曲、小说、神话、民间传说等，以门神、神佛、戏曲人物等为主流，鲜活生动地反映了中原地区的民间信仰与民俗文化。（图 7.28）

　　除此之外，北京、河北武强、四川绵竹、广东佛山、福建泉州等地均发展出较大规模和影响的年画产业，在年画的构图、绘画风格、印制技术、装裱工艺上各具特色。年画的印刷设计在全国各地均有其特色，各地年画在内容与题材的选取上，反映了当地社会生活的风土人情与民间习俗；在绘稿与印制等方面，也与各地版画刻印技法之间产

图 7.27　《麒麟送子》　山东潍县　　图 7.28　《麒麟送子》　河南朱仙镇
杨家埠制　清代　　　　　　　　　　　刻印　清代

生了紧密的关联，年画幅面比雕版图书中的插图要大得多，因而有更大的设计与创作空间；各地年画在使用情境上极其丰富多样，年画的幅面尺寸、形式与形状均有许多灵活的形制变化；年画多以红、黄、蓝三原色，橙、紫、绿等补色为主调，色彩明度高，对比强烈。虽然年画在基础的色彩选择上较为单调，但各地在分版套印时所设计的具体色彩关系，却生动地呈现出当地的审美文化倾向。概而言之，年画在清代进一步发展为深受各地民众喜爱的民间艺术形式，其印刷设计的特色与其所处社会环境的地域特征密切相关，与当地民众的日常社会生活紧密关联，而各地雕版套印技术在清代的革新与发展，则为年画产业的繁盛提供了极为必要的技术条件。

第五节　西方现代印刷技术的传入与设计应用

　　清代既是中国传统印刷技术的集大成之时期，也是西方印刷技术大规模传入中国并产生重要影响的历史时期。14 世纪时在欧洲开始出现的铜版画，自清代初年传入中国并最先在宫廷中制作。康熙帝多次向教皇要求派画家、医生、音乐家来华供职，最高统治者对欧洲科学技艺的兴趣促进了西方印刷技术传入中国。铜版画的雕刻与印刷技术在清代宫廷中进一步发展成熟，成为一种展现清朝宫廷盛景与政治功绩的重要艺术形式，也与宫廷中原先沿用的传统雕版印刷术在技法与审美等方面产生了双向影响。

　　19 世纪初，西方先进的印刷技术陆续通过各式途径输入中国。西方传教士与商人是最早向中国输入石版、铅活字、铜锌版等印刷技术的重要人群，他们基于宗教传播与商业营利的重要目标，促进了西方印刷技术在中国的传播与应用。西方现代印刷技术的传入对中国传统印刷行业的影响体现在多个层面。传统雕版印刷产业受到了极大威胁，传统造纸、油墨等行业也深受影响。19 世纪中叶，外国纸张进入中国，对于中国传统的造纸行业形成了极大的打击。由于国内的手工纸造价高，制作效率低，且不利于现代机器印刷，在印刷产业机械化的过程中，无法与外国的机制纸相竞争，面临着重大冲击。西方现代印刷术与印刷物料的传入，对中国传统印刷行业产生巨大影响，直接导致了传统雕版印刷技术的衰微。上海、北京、天津等地的传统印刷行业最先受到西方先进技术的冲击，在应用西方印刷技术的同时，也最早呈现出印刷设计在技术上的革新、内容上的兴替，以及审美上的变迁。

　　清代末年，中国印刷行业的发展历程是中国近现代史的缩影。清政府在列强侵略之下政权的衰败局势、西方对中国经济与文化的强势入侵，以及社会各界在救亡图存中的抗争与摸索，均与印刷行业的发展面貌息息相关，直接影响了中国近现代印刷设计的变革。中国的民族印刷业与出版业在这一历程中也有所发展，催生出以商务印书馆为代表的近代杰出印刷出版机构，并在印刷设计上做出许多探索与革新的举措。

一、清代宫廷铜版画印刷设计

　　清代早期在康熙帝的推动之下，宫廷进一步吸收了西方的铜版画镌刻技术。意大利天主教传教士马国贤为最早向中国介绍铜版印刷的西方人，1711 年受康熙接见，得到了康熙帝的赏识，1713 年前后完成《避暑山庄三十六景诗图》的铜版画镌刻工程，开创了西方铜版印刷技术在中国宫廷中应用与传播的新局面。马国贤后又镌刻《皇舆全览图》，这是在中国制作的第一套铜版地图。马国贤在清廷供职长达 13 年，培养出张奎等第一代中国铜版画刻工。

铜版画的创制在乾隆年间又有了进一步发展。意大利画家郎世宁对于乾隆朝的铜版画绘制起到了重要的推动作用。郎世宁与同伴共同完成《乾隆准部回部得胜图》，全套共 16 幅图画，18 幅文字，在绘制完成后，将画稿连同文字稿，送至法国完成铜版制版工序，历经十余年时间将版画分批运回中国。该套作品每幅尺幅宽大（长 90.8 厘米，宽 55.4 厘米），均为场景壮阔的全景式构图，构图精密，笔触细致，在绘画风格上体现了中西方绘画技法与视角的融合，反映出当时铜版画制作的极高水准，并在创作内容上展现了清代朝廷的军威与国势。（图 7.29）

图 7.29 《乾隆准部回部得胜图》之《平定伊犁受降图》 清乾隆年间

1773 年，法国传教士蒋友仁为乾隆帝绘制世界全图后，乾隆又命其绘制大清统一地舆及疆域图，并用铜版刻制。[①]

---

① 张秀民著，韩琦增订：《中国印刷史（下） 插图珍藏增订版》，杭州：浙江古籍出版社，2006 年，第 438 页。

乾隆五十一年（1786），清内府还刊刻了《圆明园长春园图》全套铜版画，共 20 幅，其中包含了圆明园的西洋楼景观，成为考察清代宫廷中的西洋建筑的重要文献。此套铜版画由宫廷画师伊兰泰等人绘稿，可能参照了郎世宁生成的设计图，画稿完成后由养心殿造办处制作铜版，由皇亲颁旨压印 100 套，所用纸材俱为上品，绘制技艺极为精密细致，用于宫廷陈设与赏赐。（图 7.30）此套《圆明园长春园图》生动地绘制了长春园的西洋楼景观，依次为"谐奇趣"二幅、"蓄水楼"一幅、"花园门"二幅、"养雀笼"二幅、"方外观""竹亭"各一幅、"海宴堂"四幅、"远瀛观""观水法"各一幅、"线法山门"三幅、"湖东"线法书凡二幅 [①]，皆以全景式的构图来呈现西洋楼景观的精美与宏伟。

图 7.30 　《圆明园长春园图》之《大水法正面》　内府铜版刊本　清乾隆五十一年 图片来源：故宫博物院官网

---

① 徐小蛮、王福康著：《中国古代插图史》，上海：上海古籍出版社，2007 年，第281 页。

随着铜版画绘制与刻印技术的引入与应用，就职于清朝宫廷的西方画师的创作，既受清朝统治者的审美喜好的影响，呈现出西洋绘画构图与笔法，同时又受中国传统绘画审美所影响的图像风格。与此同时，西洋画的传入也对于中国传统雕版印制的插图风格产生了重大影响，在构图、透视、笔法、整体画风等方面都产生了影响。清代宫廷的雕刻铜版技艺及由其所创作的版画珍品，反映了东西方文化与艺术的交流，也反映了清代在图像印刷设计方面的发展与革新。

二、铅活字印刷设计

德国工匠古登堡于 15 世纪中期发明了印刷机与金属活字印刷术，于 1455 年使用手摇印刷机印刷了 300 本《圣经》[1]，这一关键事件成为西方印刷技术由传统转向现代的重要标志。

1807 年，英国伦敦布道会派遣传教士马礼逊来到中国，为了完成编纂和印刷中文版《圣经》的任务，他开始学习中文，同时探索如何使用西方铅活字技术来实现汉字的活字印刷工艺。东印度公司在 1814 年成立了澳门印刷所，该机构辅助马礼逊编纂中英文双语字典的印刷事务，成为中国境内第一个采用西方印刷技术的现代印刷机构，促进了印刷设计从传统向现代的过渡。

马礼逊开创了近代中文报刊的版式，并且还创造性地成为探索中英文混排的先例。马礼逊、汤姆司等外国传教人士，连同与他们合作的中国刻工，共同探索了早期的中文现代印刷方式与排版形式。马礼逊于 1815 年在马六甲创办了《察世俗每月统记传》，这是世界上第一份以中文出版的近代报刊，也是第一份以中国和中文读者为受众的报

---

① 陈楠：《汉字的诱惑》，武汉：湖北美术出版社，2014 年，第 116 页。

刊，对于近现代中文印刷出版设计具有重要意义。在中国刻工梁发与蔡高的配合下，马礼逊于 1819 年在马六甲印刷第一部汉字铅活字本《新旧约圣经》。

马礼逊等人通过引进西方先进印刷技术，探索中文铅活字的应用。由于中英文混排的版面处理难度大，再加上当时中国严禁西方以传教为目的进行印刷出版，中文活字印刷经历了漫长的摸索与试制过程。

马礼逊于 1815 至 1823 年间在澳门出版了 6 卷本的《华英字典》，该字典又被称为《马礼逊字典》。《华英字典》既是 19 世纪早期中国语言、文学和文化进行海外传播的重要推手，也反映了汉字印刷从传统木版雕刻印刷技术向近现代铅活字印刷技术过渡的早期探索，并在中英文混合排版的版式处理上具有重要的开创性意义。在印制《华英字典》的过程中，由于传统的中国雕版印刷不适用于笔画细小弯曲的英文印刷，木刻雕版也无法与铅字拼接，汤姆司经过多次探索与试验，试制出中国境内第一批中文铅活字。[1]但这一时期的铅活字印刷技术仍处于探索期，采用手工雕刻的形式。

《华英字典》是西方现代活字印刷技术应用于中文印刷的探索开端。自此之后，汉字铅活字的批量化铸造经历了将近一个世纪的探索与试制。1828 年前后，英国伦敦布道会的牧师台约尔 （Samuel Dyer）在马来西亚槟榔屿用西方铸造字模的方法制作出三千多中文铅活字，用于马六甲的英华书院印刷布道所需。1839 年，英华书院迁往香港。香港首份华文报章《遐迩贯珍》即用英华书院的汉字活版

---

① 谭树林：《英国东印度公司与中西文化交流——以在华出版活动为中心》，《江苏社会科学》2008 年 8 月。

印刷厂印刷，史称"英华字"。"英华字"字体风格仍循雕版旧例，技术上却为西人铸造的中文铅字传入中国之始。第一次鸦片战争结束，《南京条约》签订，西方物质与文化开始大规模影响中国。1843 年，英国伦敦布道会传教士麦都思在上海成立墨海书馆，成为上海第一家拥有铅印设备的机构，印制中文《圣经》和其他宗教宣传品。各国来华传教士与中国刻工配合，采取了许多创造性的举动，从逐个雕刻的中文铅活字，到拼合字的试制，再到电镀字的探索历程，最终才得以实现。中文铅活字印刷技术的革新与普及，意味着铅与火的时代已经来临，这对中国印刷设计领域具有极为重要的变革意义，喻示着中国现代印刷设计的开端。

到了 19 世纪中期，西方商人也介入了中国的印刷出版行业，铅活字印刷技术与石版印刷技术传入中国并为中国印刷出版业普遍掌握后，传统的雕版、木活字与铜活字印刷衰落，铅活字的字体以宋体为主，而石版印刷所采用的汉字则以楷体为主。宋体字与楷体字在基本字形基础上形成诸多书体风格，除此之外，仿宋体也成为各印刷机构试制与印刷排版时使用的常备字体。宋体、楷体、仿宋体三类中文字体的制备在 20 世纪上半叶都有一定的设计成就。

三、石版印刷设计

石版印刷技术自 19 世纪中期从西方传入中国，连同铅活字印刷技术的传入，均与西方传教士在中国的宗教活动密切相关。1843 年英国新教伦敦布道会传教士麦都思等人创建了墨海书馆，该机构最早在上海引入石版印刷技术，印制宗教书籍及宣传品；圣教书会出版的《小孩月刊》与《图画新报》，则为以画图的方式记录上海与世界发生的事件开了先例；1864 年，天主教耶稣会在土山湾设立孤儿工艺院，下设的印刷部中也引入了石版印刷机印制书籍。石版印刷很快便实现了技术革新与效率提升，实现了由人力向机械动力的转变，迅速由宗教领域扩展到了商业、文化等其他领域。

由于中国传统木刻雕版印刷耗工耗时，早期铅活字印刷技术应用于中文的发展较为缓慢，石版印刷通过照相缩印而实现快速制版，具有节省出版工序、保存书籍原貌、出版速度快、降低印刷成本的优势，迅速获得印刷出版业的认可。早期由铅活字印刷的书籍中，插图的页面仍用传统木版雕刻的方式来印制。可是由于木版材质过软，不耐机器印刷。于是，石印传入中国之后，便迅速改用石印来印刷插图，甚至翻印整本图书。清代末年，国内掀起了一股利用石印技术翻印古籍的热潮，晚清的大量科举参考书籍便是石印图书市场的主流出版物。

石版印刷技 术大大提升了制作图像与印刷图像的速度，也催生了以图画为主要内容的画报成为印刷设计的新兴品类。英商美查于1884 年在上海创办了作为《申报》副刊的《点石斋画报》，该画报由单色石版印刷而成，主要从"奇闻、果报、新知、时事"[1]四个方面的内容来编撰和绘制图像新闻，在 15 年间刊行了4000 余张新闻图画，成为晚清经营最为成功、最具社会影响力的石印画报。（图 7.31）《点石斋画报》为旬刊，采用石版单面印刷，内页使用连史纸，封面有红、绿、蓝、紫等多种颜色，装订形式仍沿用中国传统的线装书形制。每一号旬刊连同封面封底约 20 页，内页版面的多为跨页的方形画幅，以图画为视觉中心，画面四周用细墨线边框。名画家吴友如是《点石斋画报》主笔，带领周慕桥、金蟾香、田子琳等中国画师形成了画报的绘制团队，他们既熟悉中国传统绘画的形式语言，又见识了西方写

---

① 陈平原，夏晓虹：《点石斋画报图像晚清》，天津：百花文艺出版社，2001 年。

图 7.31 上海点石斋石印工场 吴友如绘 原载于《申江胜景图》 约 1884 年

实风格的新艺术语言，于是在图文叙述的方式、图画的构图与笔法形式上均呈现出中西杂糅的时代特征。整体虽未脱离中国古典图书木刻雕版插图的视觉印象，但在线条的运用、构图的透视方式等方面也已经呈现出西方绘画的影响。《点石斋画报》在中国开创了石印画报的先河，以图画写新闻的形式被民众广泛接受与认可，画报成为重要的文化传媒。继《点石斋画报》后，影响较大的石印画报有《图画新报》《飞影阁画报》《白话图画画报》《飞云阁画报》《图画演说报》《启蒙画报》《北京画报》《当日画报》《醒世画报》等。[①]这些石印画报体现了清代末年在印刷设计上的自觉探索，直到摄影画报兴起之后才慢慢衰微。呈现出画报出版对印刷、装帧技术变化十分迅速的反应。

彩色石版印刷传入中国的时间相比起单色石版印刷较晚，但其在

---

① 阮荣春，胡光华：《中国近现代美术史》，天津：天津人民美术出版社，2005 年，第 74 页。

清代末年的传入不仅促进了彩色图文的大众出版物在中国的发展，而且也对商业美术起到了重要推动作用。年画等市场需求量大的印刷设计类型，也迅速由雕版印刷改为石版印刷。上海的旧校场街地区便成为晚清石印年画的集散地，降低了年画的印刷成本，迅速淘汰了上海地区的雕版年画制作技艺。

月份牌画的兴起也与石版印刷技术在中国的发展与应用密切相关。月份牌画是将中国传统月历与商业广告画相结合的艺术形式，是中西合璧的典型产物。清代末年，月份牌画在中国兴起，并对 20 世纪的商业美术产生了重要的影响，19 世纪末 20 世纪初在西方兴起的新艺术运动，其海报与招贴艺术对中国的月份牌广告画产生了直接影响。

1896 年，上海地区印制的《沪景开彩图》（图 7.32）为现存较早的月份牌广告画实物，整幅月份牌为墨色石印，并用红、黄二色点染局部画面，画幅中心为年历，四周以图绘的形式展现了上海福州路一带商铺林立的繁华街景。①月份牌作为商品附赠的广告宣传品，是商家招徕顾客的有效手段。早期的月份牌画以石版印刷技术为重要技术依托，既保留了传统年画艺术中的故事题材、人物造型、图案纹样等因素，又受西洋广告画片在技法与造型上的影响，以周慕桥等画家的月份牌广告画为典型。（图 7.33）清代末年为月份牌广告画的早期发展阶段，在印刷技术与社会文化潮流的推动下，月份牌广告画在形式与内容上不断推进和演化，成为 20 世纪上半叶极具时代特色的印刷设计类型，并出现了郑曼陀、杭穉英、胡伯翔等一批月份牌广告画家，引导了当时商业美术设计的文化风尚。

---

① 许正林：《上海广告史》，上海：上海古籍出版社，2018 年，第 216 页。

与此同时，石版印刷技术使图像复制技术有了全面提升，黑白广告、香烟片子、彩色画片等各式各样的广告形式不断涌现，极大地丰富了清代晚期印刷设计的面貌，也为中国近现代印刷设计的发展奠定了重要的技术基础。石版印刷技术的发展与革新，是技术发展推动设计革新的典型案例。随着彩色石版印刷、珂罗版印刷、照相铜版印刷、胶版印刷、影写版印刷等先进技术的传入，上海印刷业、出版业及商业美术行业迅速涌现了一批又一批对印刷技术抱有浓烈的探索兴趣与专业敏感的出版人与美术家，持续推动了印刷设计的革新与发展。

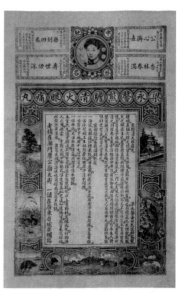

图 7.32 《沪景开彩图》月份牌画 1896 年　　图 7.33 梁永馨熊胆清火眼痛丸广告　佚名　清末

参考资料

著作:

[1]张秀民著,韩琦增订. 中国印刷史(上、下) 插图珍藏增订版[M].
杭州:浙江古籍出版社,2006.

[2]罗树宝. 中国古代图书印刷史[M]. 长沙:岳麓书社,2008.

[3]曲德森. 中国印刷发展史图鉴(上、下)[M]. 太原:山西教育出版
社,2013.

[4]张树栋,庞多益,郑如斯. 简明中华印刷通史[M]. 桂林:广西师范大
学出版社,2004.

[5][加]马歇尔·麦克卢汉. 谷登堡星汉璀璨 印刷文明的诞生[M]. 北
京:北京理工大学出版社,2014.

[6]韩琦,[意]米盖拉. 中国和欧洲 印刷术与书籍史[M]. 北京:商务印
书馆,2008.

[7]张绍勋. 中国印刷史话[M]. 北京:商务印书馆,1997.

[8]邹毅. 证验千年活版印刷术[M]. 北京:中国社会科学出版社,2010.

[9]杨菁,黄友金. 瑞安东源:再现木活字印刷[M]. 杭州:浙江大学出版
社,2011.

[10]余英时. 士与中国文化[M]. 上海:上海人民出版社,2003.

[11]谢国桢. 增订晚明史籍考[M]. 上海:上海古籍出版社,1981.

[12]费孝通. 中国士绅[M]. 北京:生活·读书·新知三联书店,2009.

[13]陈传席. 陈洪绶全集[M]. 天津：天津人民美术出版社，2012.

[14]巫仁恕. 品味奢华——晚明的消费社会与士大夫[M]. 北京：中华书局，2008.

[15]马美信. 晚明小品精粹[M]. 上海：复旦大学出版社，1997.

[16]范金民. 江南社会经济研究[M]. 北京：中国农业出版社，2006.

[17]李伯重. 多视角看江南经济史[M]. 北京：生活·读书·新知三联书店，2003.

[18]刘石吉. 明清时代江南市镇研究[M]. 北京：中国社会科学出版社，1987.

[19]左东岭. 王学与中晚明士人心态[M]. 北京：人民文学出版社，2000.

[20][法]让·鲍德里亚. 消费社会[M]. 南京：南京大学出版社，2006.

[21][日]井上进. 中国出版文化史[M]. 武汉：华中师范大学出版社，2015.

[22]曹之. 中国古籍版本学（第二版）[M]. 武汉：武汉大学出版社，2007.

[23]王树村. 中国民间美术史[M]. 广州：岭南美术出版社，2004.

[24]杨永德，蒋洁. 中国书籍装帧4000年艺术史[M]. 北京：中国青年出版社，2013.

[25]徐小蛮，王福康. 中国古代插图史[M]. 上海：上海古籍出版社，2008.

[26]许正林. 上海广告史[M]. 上海：上海古籍出版社，2018.

[27]阮荣春，胡光华. 中国近现代美术史[M]. 天津：天津人民美术出版社，2005.

[28]陈平原，夏晓虹. 点石斋画报图像晚清[M]. 天津：百花文艺出版

社, 2001.

[29]陈楠. 汉字的诱惑[M]. 武汉：湖北美术出版社，2014.

[30][美]钱存训. 中国纸和印刷文化史[M]. 桂林：广西师范大学出版社，2004.

[31]方晓阳，韩琦著；路甬祥主编. 中国古代印刷工程技术史[M]. 太原：山西教育出版社，2013.

[32]张戬炜. 书生本色[M]. 南京：南京大学出版社，2015.

[33]翁连溪. 清代内府刻书研究（上、下）[M]. 北京：故宫出版社，2013.

论文：

[1]徐林. 煮水品茗与中晚明士人社会交往生活[J]. 贵州社会科学. 2005.

[2]张抒. 论明代雕版印刷与宋体字的形成[J]. 南京艺术学院学报（美术与设计版），2012.

[3]汪桂海. 谈明代铜活字印书[J]. 中国典籍与文化，2010.

[4]吴建军. 明中期无锡民间印刷术发展对"明体字"成型的影响[J]. 装饰，2011.

[5]肖琼. 明代版面设计创造初探[J]. 艺术科技，2015.

[6]冀叔英. 谈谈明刻本及刻工——附明代中期苏州地区刻工表[J]. 文献，1981.

[7]王其全. 文化的承载与传播——浙江雕版印刷工艺文化研究[J]. 浙江工艺美术，2008.

[8]李德山. 试谈明代版刻[J]. 古籍整理研究学刊，1986.

[9]华人德. 明代中后期雕版印刷的成就[J]. 苏州大学学报，1988.

[10]章宏伟. 胡正言生平及其"饾版""拱花"技术[J]. 美术研究，2013.

[11]曾礼军. 明代印刷出版业对明代小说的影响[J]. 浙江师范大学学报（社会科学版），2004.

[12]杨小语. 浅析明朝中后期江浙一带民间印刷业兴盛之因[J]. 出国与就业（就业版），2011.

[13]刘云霞. 试析明代史钞繁盛的原因[J]. 新乡学院学报（社会科学版），2012.

[14]谭树林. 英国东印度公司与中西文化交流——以在华出版活动为中心[J]. 江苏社会科学，2008.

[15]颜世明，高健. 清代刻书家龙万育生平考述[J]. 理论月刊，2014.

[16]江凌. 试论两湖地区的印刷业[J]. 北京印刷学院学报，2008.

[17]刘淑萍. 清代广东书坊的新型经营模式——以富文斋为例[J]. 新世纪图书馆，2009.